terra
NaturReiseführer

Alaska

Michael Rudert

Tecklenborg

Die Deutsche Bibliothek – CIP-Einheitsaufnahme

terra NaturReiseführer Alaska
Michael Rudert
Steinfurt, Tecklenborg Verlag, 2008
ISBN: 3-934427-75-8
NE: Rudert, Michael

Die Zusammenstellung der praktischen Reiseinformationen und die Beschreibung der Touren in diesem Führer erfolgten mit größtmöglicher Sorgfalt und mit Rücksicht auf die Natur. Bitte verhalten auch Sie sich entsprechend und beachten Sie im Interesse Ihrer eigenen Sicherheit die Hinweise des Autors, z. B. zu gefährlichen Wegstrecken. Ob eine Route gefährlich ist, hängt neben den Wetterverhältnissen auch von der persönlichen Konstitution des Reisenden ab. Befragen Sie im Zweifelsfall vor einer Reise ihren Hausarzt.
Bitte haben Sie Verständnis dafür, daß sich nach Erscheinen des Buches Wegführungen, Anschriften, Telefonnummern oder Internet-Adressen ändern können. Korrekturhinweise werden Autor und Verlag gerne aufgreifen:

Tecklenborg Verlag
Siemensstraße 4
48565 Steinfurt

Lektorat: Diana Kirstein
Karten: Viertaler+Braun, Grafik+DTP, München
Karte vordere Umschlagklappe:
Angelika Thieme / mapdesign@arcor.de
Gesamtherstellung:
Druckhaus Tecklenborg, Steinfurt

Printed in Germany
ISBN: 3-934427-75-8

Einführung

Essays

Inhalt

Hauptreiseziele

Nebenreiseziele

Reiseplanung

Anhang

Zum Geleit

terra NaturReiseführer – eine Chance für den sanften Tourismus?

Dem Massentourismus ist sehr viel Natur zum Opfer gefallen. Der Versuch, den Ballungsräumen in eine »intakte Natur« für die kostbaren Wochen des Jahres zu entfliehen, mißlang. Denn der Ruhe und Naturgenuß suchende Mensch wurde im Touristikboom schnell wieder in die Massen einbezogen. Der Massentourismus wälzte sich, da er fortlaufend seine eigenen Existenzgrundlagen zerstört, bis in die letzten Winkel der Erde. Mit größter Sorge betrachten Naturschützer in aller Welt diese Entwicklung.

So wurde der Tourismus als nicht natur- und umweltverträglich gebrandmarkt. Nicht ganz zu Recht! Denn nicht wenige der unersetzlichen Naturreservate der Welt konnten gerade wegen des Tourismus gesichert werden, der manchen Staaten mehr harte Währung einbringt als eine Umwidmung dieser Flächen zu anderen Formen der Nutzung. Durch gezielte Lenkung des Besucherstromes ist es möglich, die Schäden gering zu halten, aber großen Nutzen zu bewirken.

In Afrika und in Südostasien gelingt es offenbar besser, Naturreservate zu erhalten als in Mitteleuropa. Es fehlt aber an Information und an Personal, das die Schutzgebiete überwacht, Besucher betreut und für die Erhaltung der Natur wie für die Einhaltung der Schutzbestimmungen sorgt, den Besucherstrom also sinnvoll lenkt. So bleibt der Naturfreund auf sich allein gestellt, wenn er Natur erleben will, ohne sie zu zerstören.

Die Serie »terra NaturReiseführer« will Naturfreunden helfen, sich schöne Landschaften mit einem reichhaltigen oder einzigartigen Tier- und Pflanzenleben auf eine »umweltverträgliche« Art zu erschließen.

Ein Tourismus, der auf Information aufbaut und dessen Ziel die Sicherung der Naturschönheiten ist, wird vielleicht eine Wende zu ihrem wirklich nachhaltigen Erhalt bringen. Unberührte Natur, naturnahe Landschaften und freilebende Tiere und Pflanzen haben ihren besonderen Wert.

Aber er wird nicht zum Nulltarif auf Dauer zu erhalten sein.

Dr. Einhard Bezzel
Prof. Dr. Josef H. Reichholf

»The Last Frontier« steht auf den Kennzeichenschildern der Autos in Alaska. Tatsächlich stellt der 49. Bundesstaat Amerikas letzte Grenze zur Wildnis dar – ein Land, das neben unberührter Natur auch ein Hauch von Abenteuer und Freiheit besitzt. Seine Reichtümer haben in der Vergangenheit immer wieder Menschen in das Land gelockt: Vor über 200 Jahren waren es die Pelztiere, dann Gold und andere Bodenschätze, später Erdöl. Heute zieht die Natur selbst Besucherströme nach Alaska. Der Tourismus boomt. Innerhalb der letzten 20 Jahre haben sich die Besucherzahlen verdreifacht.
Allein den beliebtesten Nationalpark, den Denali, besuchen inzwischen jährlich rund 400 000 Menschen. Selbst für den öffentlichen Bus, der Touristen auf der einzigen Straße in den Park fährt, sind Reservierungen unumgänglich geworden. Da erinnere ich mich doch etwas wehmütig an meinen ersten Alaskabesuch im Spätsommer 1979. Die Busse waren damals häufig nur mit einer Handvoll Touristen besetzt und nur wenige übernachteten auf den Campingplätzen. Über rechtzeitige Reservierungen und Streckenplanungen mußte man sich keine Gedanken machen. Fasziniert von der Landschaft und den Tieren verbrachte ich die meiste Zeit meines ersten Alaska-Aufenthaltes im Denali. Früh einsetzender Schneefall vertrieb mich schließlich aus dem Nationalpark.
So schön es war den beliebtesten Nationalpark auf diese Weise erkunden zu können, sehe ich doch das große Interesse an der Wildnis Alaskas, das sich in den steigenden Besucherzahlen widerspiegelt, als eine positive Entwicklung an. Denn Nationalparks und andere Wildnisschutzgebiete dienen keiner abstrakten Naturschutzidee oder einer kleinen elitären Besuchergruppe, sondern sollen möglichst vielen Menschen ermöglichen, das Besondere solcher Lebensräume kennenzulernen und zwar nicht vor dem Fernsehschirm, sondern mit allen fünf Sinnen. Außerdem können Sie in vielen Regionen Alaskas noch immer Tage oder Wochen unterwegs sein, ohne anderen Menschen zu begegnen.
Angesichts wachsender Besucherströme taucht trotzdem die Frage auf: Wieviel Tourismus können Tiere und Pflanzen ohne negative Folgen verkraften? Besonders die arktischen Lebensräume reagieren sehr empfindlich auf äußere Einflüsse. Um Tiere und Vegetation zu schützen, reguliert die Parkverwaltung den Besucherandrang im Denali. Wer Wandertouren durch das Hinterland machen möchte, benötigt eine Genehmigung. Es wird streng darauf geachtet, daß sich in einem Areal nur wenige Besucher zur selben Zeit aufhalten. Hier sind Sie dann wieder ganz mit sich allein in den weiten Tundratälern. Für die meisten anderen Regionen waren solche Maßnahmen bisher noch nicht erforderlich. Ausnahmen bilden z.B. Gebiete, die berühmt sind für ihre gute Möglichkeit, Bären zu beobachten. Aber auch jeder einzelne Besucher sollte sich so verhalten, daß durch seine Anwesenheit keine Tiere gestört werden und die empfindliche arktische Vegetation unversehrt bleibt. Er sollte keine Spuren hinterlassen.
Wenn Sie die Natur in Alaska richtig erleben wollen, nehmen Sie sich viel Zeit und genießen Sie die Wildnis. Ich habe auf einzelnen Wanderungen mehr erlebt und mich besser erholt als auf Touren, in denen sich viele Reiseziele aneinanderreihten.

Dr. Michael Rudert

Einführung

Zur Benutzung des Buches

In diesem Reiseführer liegt der Schwerpunkt auf Natur. Er informiert fast ausschließlich über Tiere, Pflanzen und Landschaften in Alaska. Zu den einzelnen Kapiteln folgen einige Erläuterungen.

In der **Kleinen Landeskunde** finden Sie eine allgemeine Beschreibung des Reiselandes. Es werden Klima- und Vegetationszonen, die geologische Entstehungsgeschichte und im Überblick Pflanzen und Tiere Alaskas dargestellt. Weiter enthält das Kapitel Abschnitte über die menschliche Besiedlung des Landes sowie über Art und Umfang von Naturschutzgebieten.

Im **Hauptteil** des Reiseführers folgen dann genaue Beschreibungen der Reiseziele, die in der Karte des hinteren Bucheinbandes verzeichnet sind. Unterschieden wird zwischen 14 Haupt- und 19 Nebenreisezielen. Bis auf wenige Ausnahmen handelt es sich um Gebiete, die einen Schutzstatus besitzen (z. B. Nationalpark, National Monument oder National Wildlife Refuge).

Die **Hauptreiseziele** repräsentieren einen Querschnitt durch Alaskas Vegetations- und Klimazonen. Dabei wurden Gebiete ausgewählt, die besonders eindrucksvolle Landschaften oder einen großen Wildbestand besitzen. Es handelt sich hier natürlich auch um eine subjektive Auswahl. Denn in Alaska gibt es sehr viel mehr als nur 14 Reiseziele mit solchen Eigenschaften. Da die meisten Wildnisregionen schwer zu erreichen sind, sollten sich auf jeden Fall ausreichend Gebiete unter den vorgeschlagenen Reisezielen befinden, die dem Besucher einen relativ einfachen Zugang ermöglichen. Hauptattraktionen des jeweiligen Gebietes sind jedem Kapitel in Stichworten vorangestellt. Häufige Pflanzen und Tiere werden genannt. Die vielen Fotos sollen die Identifizierung einiger dieser Arten erleichtern. Verweise auf erwähnte Pflanzen und Tiere, die an anderer Stelle abgebildet sind, erfolgen durch »S...«, Textstellenverweise durch »s.S....«. Essays (im Text beige unterlegt) geben zusätzliche Informationen zu bestimmten Themen. So weit möglich erscheinen deutsche Artnamen. Gibt es keinen eindeutigen deutschen Artnamen, was mitunter bei Pflanzen der Fall ist, taucht der englische Name in Anführungszeichen auf. Außerdem enthält jedes Kapitel kurze Beschreibungen von Wanderwegen und Sehenswürdigkeiten, die zur Orientierung als Besuchspunkte in einer Karte eingetragen sind. **Praktische Tips** am Ende eines Kapitels informieren über Unterkünfte, erforderliche Reservierungen und wichtige Adressen.

Nebenreiseziele bieten weitere Einblicke in die Natur des Landes. Obwohl diese Gebiete nicht kleiner als die Hauptreiseziele sind, werden Sie nur sehr kurz beschrieben. Meist handelt es sich um weit abgelegene Regionen, die aber z. B. schöne Landschaften, Wildreichtum oder außergewöhnlich hohe Bestände einzelner Tierarten besitzen.

Das Kapitel **Reiseplanung** soll Ihnen bei der Reisevorbereitung helfen. Hier sind einige wichtige Hinweise enthalten, u.a. über Reisemöglichkeiten im Land und zur Sicherheit in der Wildnis.

Der **Anhang** enthält eine Liste der verwendeten **Literatur**. Hier können Sie zu einigen Themen oder über bestimmte Regionen noch mehr erfahren. Im **Wörterbuch** sind alle im Reiseführer vorkommenden Pflanzen und Tiere alphabetisch nach ihren deutschen Namen aufgeführt und dazu die entsprechenden englischen und wissenschaftlichen Namen angegeben. Gab es keinen genauen deutschen Namen, finden Sie die englische und wissenschaftliche Bezeichnung im Wörterbuch »Englisch/Deutsch«. Das **Register** wurde in 2 Teile gegliedert: Im ersten können die im Text aufgeführten Pflanzen- und Tiernamen nachgeschlagen werden, im zweiten findet man die Namen der erwähnten Orte, Landschaften, Nationalparks usw.

Zeichenerklärung für die im Text verwendeten Karten

Um die Übersichtlichkeit der Karten zu gewährleisten, wurden vor allem die für den Touristen interessanten Informationen aufgenommen. Die verwendeten Symbole und Abkürzungen werden in der Übersicht unten erklärt. Weitere Sonderzeichen werden jeweils in derjenigen Karte erläutert, in der sie verwendet werden.

Verwendete Kartensymbole

- *Straßen aller Art*
- *Wanderweg*
- *Staatsgrenze*
- *Kanuroute*
- *Fluß*
- *Nationalpark oder anderes Schutzgebiet*
- *See, Meer*
- *Land*
- *Gletscher*
- *zum großen Teil vergletschert*
- *Stadt, Ortschaft*
- *Berg*
- *Flughafen*
- *Informationen*
- *Unterkunft*
- *Hütte (Cabin)*
- *Campingplatz*
- *Ranger Station*
- 3 *Besuchspunkte (mit Querverweisen im Text)*

Hwy. = Highway *Rd. = Road*

Kleine Landeskunde

Lage und Größe

Alakshak (»Das große Land«), so bezeichneten die Aleuten das Gebiet, das der 49. Bundesstaat der USA geworden ist. Mit etwa 1,5 Mio. km^2 besteht es als größter Bundesstaat aus einem Fünftel der gesamten Fläche der USA und ist mehr als viermal so groß wie die Bundesrepublik Deutschland. Alaska erstreckt sich mit 2270 km über 20 Breitengrade. Der nördlichste Punkt Alaskas, Point Barrow (71° 23'), und das norwegische Nordkap haben die gleiche Entfernung zum Nordpol. Die südlichste Region dagegen liegt etwa auf einer geographischen Breite mit dem Harz (zwischen 51° und 52° nördlicher Breite). Noch größer ist mit 3840 km die Ost-West-Ausdehnung (130° bis 187° westlicher Länge). 3 Meere schließen das im Osten an die kanadische Landmasse grenzende Alaska ein: im Norden das Nordpolarmeer, im Westen das Beringmeer und im Süden der Pazifische Ozean. Daraus ergibt sich eine Küstenlinie von etwa 53000 km. Im Westen trennt die Beringstraße an ihrer schmalsten Stelle die Küste Alaskas nur 80 km von Nordostasien.

In diesem riesigen Gebiet gibt es, außer bei Walrossen und Seelöwen, die auf sonnigen Küstenfelsen dicht an dicht liegen, kein Gedrängel. In Alaska leben etwa 650000 Menschen. Die meisten von ihnen konzentrieren sich in wenigen Regionen um die 3 größten Städte: Anchorage (277000 Einwohner), Fairbanks (85000 Einwohner) und die Hauptstadt Juneau (31000 Einwohner).

Mt. McKinley (im Hintergrund) überragt sämtliche Gletscher und Gipfel der Alaska-Kette.

Blick vom Glenn Highway auf ein Gletschertal in den Chugach-Bergen – Alaskas jüngstes Gebirge.

Entstehung

Geologen, die sich ein Bild über die Bodenschätze Alaskas machen wollten, verzweifelten an dem Gesteinsdurcheinander, auf das sie überall trafen. Denn Alaska ist ein Flickenteppich aus ca. 50 Terranen. So nennt man durch Verwerfungen und Brüche getrennte Erdkrustenblöcke, die sich in Aufbau und Vorgeschichte deutlich voneinander unterscheiden. Ihren Ursprung haben diese Krustenblöcke meist weit weg vom heutigen Alaska. Sie wurden gebildet aus ozeanischer Kruste, vulkanischen Inselbögen, aus verfestigten Tiefseesedimenten oder aus Splittern des ehemaligen Superkontinents Pangäa.

Während Terrane aus dem nördlichen Teil zumindest aus Nordamerika stammen, haben die aus dem südlichen Teil oft eine mehrere 1000 km lange Reise hinter sich. Wie Eisschollen auf dem Ozean wurden sie in den Norden verdriftet und an den etwa 2,5 Milliarden Jahre alten Kontinentalkern sowie an schon angekommene Terrane angeschweißt. Das Gebiet Alaskas entstand so erst nach und nach in den letzten 200 Mio. Jahren, nachdem der Superkontinent Pangäa auseinanderzubrechen begann, aus dem alle heutigen Kontinente hervorgegangen sind.

Erklären lassen sich diese Vorgänge mit dem Konzept der Plattentektonik, nach dem die äußerste Schicht der Erde aus 6 großen und vielen kleinen Platten besteht. Die Platten bewegen sich relativ zueinander jedes Jahr um einige Zentimeter. Unter dem Pazifischen Ozean befindet sich die Pazifische Platte, der an sogenannten Spreizungszonen durch emporquellendes Magma ständig neue Kruste hinzugefügt wird. In sogenannten Subduktionszonen entlang von Tiefseegräben hingegen geht Kruste wieder verloren. Dort, wo die Pazifische Platte auf ihrer Drift nach Norden sich unter die westwärts bewegende Nordamerikanische Platte schiebt, gibt es paralell zu den Aleuten eine solche Subduktionszone. Hier taucht die schwere ozeanische unter die leichte kontinentale Kruste und wird schließlich in größerer Tiefe aufgeschmolzen. Auf diese Weise bildet die Pazifische Platte ein Förderband, an dessen Ende Alaska liegt. Die Folge: Alaska wächst weiter um Krustenblöcke, die huckepack auf der Pazifischen Platte aus südlichen Regionen zum 49. Bundesstaat reisen. Auch Teile der Westküste Kaliforniens sind auf dem Weg nach Norden. Abhängig von der fortgesetzten Bewegungsrichtung der Pazifischen Platte werden sie vielleicht einmal in Millionen von Jahren mit dem nördlichsten Bundesstaat der USA zusammenstoßen.

Ein Beispiel aus der Vergangenheit ist das Wrangellia-Terran im südlichen Alaska. Dieses Bruchstück entstand vor 300 Mio. Jahren etwa im Bereich des Äquators. Vor 70–120 Mio. Jahren erreichte es Nordamerika auf der Höhe von Oregon. An Störungslinien, dort wo Pazifische und Nordamerikanische Platte aneinander vorbeigleiten, zerscherrte es in Fragmente parallel zur Küstenlinie. Einzelne Teile setzten ihre Reise nach Nordwesten fort, während andere schon am kontinentalen Rand festmachten. Ein kleines Gebiet im östlichen Oregon, Vancouver Island, die Queen-Charlotte-Inseln und die Wrangell-Berge sind Teile von Wrangellia. Die meisten Terrane in Südostalaska haben aufgrund der durch Störungslinien verursachten Scherrkräfte eine langgestreckte Form. Der zuletzt eingetroffene Yakutat-Block, der sich jetzt in die Südküste von Alaska bohrt, führt heute zu Erdbeben an der Küste und fortgesetztem Emporsteigen der St.-Elias-Berge. Auch andere Gebirge werden durch diese Kräfte weiter hochgedrückt.

Entsprechend dem »Flickenaufbau« Alaskas haben die Gesteinsblöcke ein recht unterschiedliches Alter. Die ältesten bekannten Gesteine findet man in Südwest-

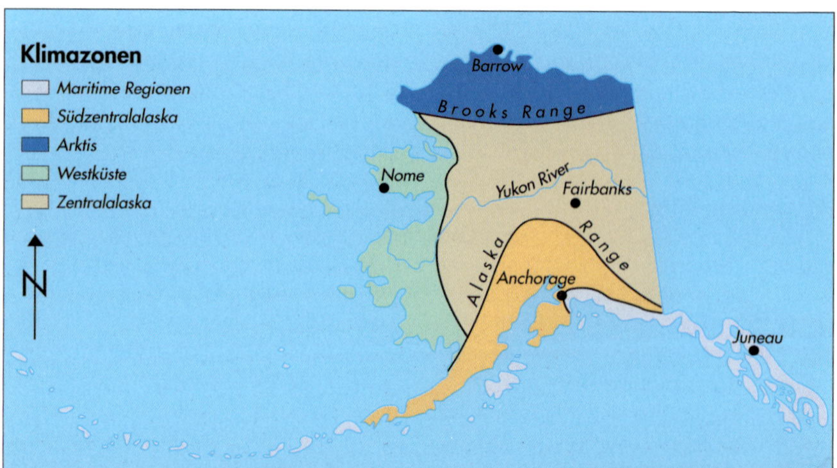

und Zentralalaska. Gesteinsblöcke im Südwesten, Kanektok- und Idono-Komplex genannt, entstanden vor 2 Milliarden Jahren. Sie sind kleine Splitter kontinentaler Kruste noch ungeklärter Herkunft. Dagegen stammen Gesteinsblöcke in Zentralalaska mit einem Alter zwischen 500 Mio. und 1 Milliarde Jahren wahrscheinlich vom Nordamerikanischen Kontinent.

Landschaftliche Großräume

Zwei mächtige Gebirgsketten – im Norden die Brooks- und im Süden die Alaska-Kette – durchziehen Alaska von West nach Ost und teilen es in große landschaftliche Räume auf (vgl. Karte S. 12).

Ganz oben im Norden befindet sich der **North Slope,** was übersetzt Nordabhang bedeutet. Denn nördlich von der Brooks-Kette fällt das Land sanft zu einer flachen Küstenebene am Nordpolarmeer ab. Von der Tschuktschensee im Westen bis zur kanadischen Grenze im Osten erstreckt sich der North Slope über 1000 km und umfaßt damit eine Fläche, die etwa so groß ist wie die alte Bundesrepublik Deutschland. Zahlreiche Flüsse, die aus der Brooks-Kette kommen, durchqueren den North Slope und münden in das Nordpolarmeer. Der größte, der Colville, legt dabei eine Strecke von 685 km zurück und entwässert ein Gebiet von fast 60 000 km^2.

Die parallel zur North Slope verlaufende **Brooks-Kette** wird von mehreren Gebirgszügen gebildet: u.a. den De-Long-Bergen im Westen (etwa 1500 m hoch), den Endicott-Bergen im zentralen Teil und den Philip-Smith-Bergen im Osten. Hier findet sich mit Mt. Isto (2760 m) die höchste Erhebung. Im zentralen Teil der Brooks-Kette haben 3 große Flüsse ihren Ursprung: Noatak (634 km), Kobuk (555 km) und Koyukuk. Die beiden ersten fließen nach Westen und münden in den Kotzebue Sound, der Koyukuk dagegen nach Südwesten in den größten Strom Alaskas, den Yukon.

Der Yukon stellt das Herzstück des zentralen Teils von Alaska dar – das teils hügelige und teils flache Land zwischen Brooks- und Alaska-Kette, in dem sich einige kleinere Gebirgszüge, wie die Kuskokwim und die White Mountains befinden. Es setzt sich zusammen aus **Zentralalaska (Interior)** und der **Westküste.** An der kanadischen Grenze angekommen, müssen die Wassermassen des Yukon 2300 km bis in das Beringmeer zurücklegen. Damit entwässert er insgesamt 35 Prozent der alaskanischen Landfläche. Ein weiterer großer Strom, der Kuskokwim (864 km), fließt ebenfalls, parallel zum Yukon, in das Beringmeer. Zusammen bilden die beiden Flüsse das größte Delta in den USA.

Die Südgrenze von Zentralalaska bildet die **Alaska-Kette** mit dem höchsten Berg auf dem nordamerikanischen Kontinent: dem Mt. McKinley (6194 m). Die Kette setzt sich wie ein gewaltiger Torbogen durch sich anschließende Gebirgsketten nach Südwesten und Südosten fort. Im Südwesten folgen **Aleuten-Kette** und der 2000 km in den Pazifischen Ozean ragende Inselbogen der **Aleuten** mit vielen aktiven Vulkanen. Nach Südosten dehnen sich **Wrangell-Berge, St.-Elias-Berge** und **Küstengebirge** aus. Wrangell- und St.-Elias-Berge erreichen Höhen um die 5000 m. Daran schließt sich Südostalaska an, das wegen seiner Form auch als **Pfannenstiel (Panhandle)** bezeichnet wird. Hier zerfurcht das Küstengebirge in eine bizarre Fjordlandschaft. Bis auf Alaska-Kette und Wrangell-Berge verlaufen alle Gebirgszüge, die den »Torbogen« bilden, direkt am Pazifischen Ozean entlang. Südlich unterhalb des zentralen Teils des »Torbogens« ragen dagegen

Chugach- und **Kenai-Berge** an der Küste des Golfs von Alaskas empor. Noch weiter südlich begrenzt die Insel Kodiak den Golf.

Neben Alaska-Kette und Wrangell-Bergen sind alle Gebirge am Pazifischen Ozean durch großflächige Vergletscherungen charakterisiert. Es handelt sich um Reste der letzten großen Vereisung, die diesen Teil Alaskas unter einem Eispanzer begrub. Zusammengenommen bedecken die Gletscher Alaskas aber immer noch eine Fläche von der Größe Österreichs. Einer der gewaltigsten Gletscher am Golf von Alaska, der Malaspina, breitet sich über 72 km von Ost nach West und 48 km von Nord nach Süd aus.

Im Bereich des »torbogenförmigen« Gebirgsgürtels findet man auch die größten von den über 3 Mio. Seen Alaskas: Iliamna (mit 2600 km^2 etwa viermal so groß wie der Bodensee) und Becharof (1180 km^2). Beide liegen am Fuße der Aleuten-Kette. Einer der längsten Ströme, die aus dem Gebirgsgürtel in den Pazifischen Ozean strömen, ist der Copper. Er entspringt nördlich der Wrangell-Berge und fließt über eine Strecke von 460 km zum Golf von Alaska. Dabei entwässert er ein Gebiet, das anderthalbmal so groß ist wie die Schweiz.

Klima

In fast ganz Alaska herrscht im Boden Permafrost, das heißt der Boden ist ständig gefroren – im Norden bis zu einer Tiefe von 300 m. Im Sommer taut er nur an der Oberfläche für kurze Zeit auf. Nach Süden nimmt die Dicke der vereisten Schicht ab. Allein die Südküste und Südostalaska sind weitgehend frei von Dauerfrost. Trotz dieser Verhältnisse kann man das Klima nicht mit dem einer Kühltruhe vergleichen. Vielmehr hat Alaska durch seine hohen Gebirge und seine Lage an 3 Meeren sehr unterschiedliche Klimazonen zu bieten.

North Slope (Arktis): Arktische Luftmassen und eine geringe jährliche Energieeinstrahlung schaffen in dem nördlich von der Brooks-Kette gelegenem Gebiet das kalte Wetter, das viele Besucher für ganz Alaska erwarten. Hier herrscht Polarklima, so daß im wärmsten Monat (Juli) die mittlere Temperatur nicht über 10 °C ansteigt, obwohl das Thermometer dann am Tage auch mal mehr als 15 °C anzeigen kann. Der Winter dauert 9 Monate mit keinem Tages-, sondern nur wenig Dämmerlicht während der Zeit von November bis Januar. Obgleich dafür am nördlichsten Punkt, in Barrow, vom 10. Mai bis 2. August ununterbrochen die Sonne scheint, ist der Einstrahlungswinkel zu gering, um

Stengelloses Leimkraut wächst in dichten Polstern, in denen ein wärmeres Mikroklima entsteht.

warme Durchschnittstemperaturen zu erzeugen, aber ausreichend, um im Sommer einen eisfreien Gürtel vor der arktischen Küste entstehen zu lassen. Die Niederschlagsmenge bleibt das ganze Jahr über gering (Barrow 120 mm im Jahr) und ist vergleichbar mit der in Wüstenregionen. Die Durchschnittstemperatur liegt in Barrow im Januar bei -25 °C und im Juli bei 4 °C.

Westküste: Das Wetter kann hier von einer Stunde auf die andere wechseln. Typisch sind tagelange schwere Herbststürme, die mit Geschwindigkeiten von etwa 50 Knoten über das Land fegen. Im November bildet sich an der Beringküste Eis, das seewärts wächst bis es auf das nach Süden treibende Packeis aus dem Nordpolarmeer trifft. Die Folge sind sehr tiefe Temperaturen zwischen Dezember und März. Bricht das Eis dann von April bis Mai, steigen die Temperaturen durch den Einfluß des wärmeren Ozeans schnell wieder an. In Nome liegen die Durchschnittstemperaturen im Januar bei -14 °C und im Juli bei 10 °C. Im Jahr fallen ca. 400 mm Niederschlag.

Zentralalaska (Interior): Das Land zwischen Brooks- und Alaska-Kette besitzt das Wetter mit den größten Gegensätzen und Extremen. Weit entfernt von den ausgleichenden Eigenschaften der Ozeane herrscht kontinentales Klima vor. Mit 38 °C (Fort Yukon 1915) hat man hier die höchste und mit -62 °C (Prospect Creek 1971) die niedrigste Temperatur gemessen. Unterbrochen von gelegentlichen Gewittern zeichnen sich die Sommer durch viel Sonne aus, in denen die Temperatur nicht selten auf über 30 °C klettert. Die Durchschnittstemperaturen in Fairbanks liegen im Januar bei -23 °C und im Juli bei 17 °C. Die jährliche Niederschlagsmenge beträgt 360 mm.

Südalaska: Südlich von der Alaska-Kette sorgt der Ozean mit der warmen Kuroschio-Meeresströmung für ein milderes Klima. Die Winter werden nicht so kalt und die Sommer nicht so heiß. Die Ausprägung dieses Effektes ist aber in den südlichen Regionen recht unterschiedlich.

Südostalaska: Der ganze Panhandle bis hinauf zum Prince William Sound steht unter maritimem Einfluß. Mit jährlichen Niederschlagsmengen zwischen 2000 und 5000 mm ist hier die feuchteste Ecke von Alaska, in der im Sommer meistens Regen und bedeckter Himmel den Tag bestimmen. An Sonnentagen steigt die Quecksilbersäule schnell auf Werte über 20 °C, im Winter dagegen fällt sie nur wenige Grade unter den Gefrierpunkt. In Juneau werden im Januar Durchschnittstemperaturen um -5 °C und im Juli um 13 °C gemessen.

Südzentralalaska: Hier, unterhalb des »Torbogens«, handelt es sich um eine Übergangszone vom maritimen zum kontinentalen Klima. Die Folge: Im Sommer sind die Temperaturen etwas wärmer und im Winter etwas kälter und die Niederschlagsmengen wesentlich geringer als in Südostalaska. Die jährliche Niederschlagsmenge liegt in Anchorage bei 390 mm, die Durchschnittstemperatur im Juli bei 15 °C und im Januar bei -10 °C.

Aleuten und **Kodiak:** Die Aleuten und Kodiak werden wieder völlig von einem maritimen Klima beherrscht mit hohen Niederschlagsmengen, wenig Sonnenschein und dem geringsten Unterschied zwischen Sommer- und Wintertemperaturen (Durchschnittstemperaturen von -1 °C bis 13 °C). Ständiger Regen, Nebel (Wolken hüllen die Aleuten an 90 Prozent aller Sommertage ein) sowie plötzlich auftretende Stürme, sogenannte »williwaws«, machen aus den Aleuten eine der ungemütlichsten Gegenden unserer Erde.

Vegetation

Geographische Lage, Klima und Oberflächenform haben in Alaska 3 große Vegetationszonen hervorgebracht: Tundra, borealer Wald und gemäßigter Küstenregenwald. Die Artenvielfalt ist in diesen Zonen im Vergleich zu den Tropen relativ gering. In Alaska kommen insgesamt etwa 1700 Pflanzenarten vor. Bei dem größten Teil der Pflanzen handelt es sich um zirkumpolar verbreitete Arten. Sie sind in nördlichen Breiten rund um den Erdball anzutreffen. Weiter gibt es Arten, die nur auf beiden Seiten der Beringstraße oder nur in Nordamerika wachsen.

Küstenregenwald: Mildes Klima und reichliche Niederschläge lassen in den Küstenregionen von Südostalaska und Südzentralalaska einen dichten Regenwald entstehen. Er entwickelte sich erst nach der letzten Eiszeit am Anfang des Holozän, des Erdzeitalters, das vor 10 000 Jahren begann. Als die dicke Eisdecke diese Region Alaskas freigab, eroberten Pflanzen aus den südlich gelegenen Regenwäldern des Pazifischen Ozeans, aus Oregon und Washington, die Küste. Große Nadelbäume wie Sitkafichte, Westamerikanische Hemlocktanne und Gebirgshemlocktanne dominieren heute den alaskanischen Regenwald. Weitere typische Pflanzen sind Erlen (S. 45), »Devil's Club« (S. 60), »Yellow Skunk Cabbage« (S. 50), Farne und Moose. Zusammen mit anderen Pflanzen bilden sie einen dichten Unterwuchs. Flechten und Moose überziehen Stämme und Zweige der Nadelbäume.

Borealer Wald: Der boreale Wald, in Rußland auch Taiga genannt, zieht sich als breiter Gürtel um die ganze nördliche Halbkugel. In Alaska dehnt er sich zwischen Brooks- und Alaska-Kette sowie in einigen Regionen Südzentralalaskas

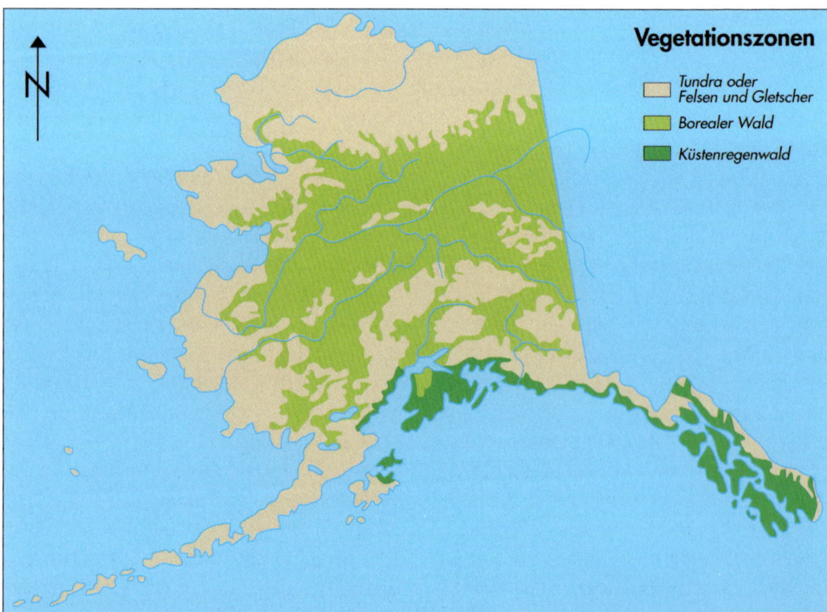

aus. Er besteht aus Weiß- und Schwarzfichten, durchsetzt mit Espen und Papierbirken an gut entwässerten Hängen sowie Balsampappeln, Erlen und Weiden an nassen Standorten wie Flußläufen. Neben einer dicken Moosschicht bedecken u.a. Flechten und niedrige Sträucher den Untergrund. Im Gegensatz zu den Küstenregionen wachsen die Bäume des borealen Waldes wesentlich langsamer. Sie sind an die trockenen heißen Sommer und kalten Winter angepaßt und können kalte, nasse Böden tolerieren, die der Permafrost hervorbringt.

Tundra: Das Wort Tundra stammt aus dem Finnischen und bezeichnet eine Kältesteppe, in der Baumwachstum aufgrund der klimatischen Verhältnisse nicht mehr möglich ist. 50 Prozent der Fläche Alaskas besteht aus Tundra. Hier müssen Pflanzen einem sehr kalten Klima angepaßt sein. Winter mit Temperaturen bis zu -50 °C und kühle kurze Sommer mit mittleren Temperaturen, die unter 10 °C liegen, schaffen für die Vegetation extreme Bedingungen. Hinzu kommt der Auskühlungseffekt durch starke Winde, die über die offenen Tundraflächen blasen. Die Folge: Die Pflanzen haben verschiedene Strategien gegen Kälte entwickelt. Sie schmiegen sich eng an den Boden und erreichen nur eine Höhe von wenigen Zentimetern wie z.B. Zwergweiden (S. 147). Andere schützen sich durch Behaarung von Stengel und Knospe (z.B. Wolliges Läusekraut, blüht Ende Mai bis Mitte Juni) oder durch wachsartige Blätter (z.B. Preiselbeere, blüht Juni bis Juli, reife Beeren Ende August) vor Kälte und Austrocknung. Oder sie wachsen in dichten Polstern (Stengelloses Leimkraut, blüht Juni bis Juli), in denen ein wärmeres Mikroklima entsteht.

Die klimatischen Bedingungen für solch eine Vegetation werden durch die geographische Breite und die Höhe über dem Meeresspiegel bestimmt. Nördlich der Baumgrenze dehnt sich die arktische Tundra und oberhalb der Baumgrenze von Gebirgen die Bergtundra aus. In der Brooks-Kette, dort wo die nördliche Grenze des borealen Waldes verläuft, geht die Bergtundra direkt in die arktische Tundra über. Sie bildet bis zum Nordpolarmeer die Vegetation des North Slope. Obwohl kaum Niederschlag fällt, ist der North Slope im Sommer bedeckt von kleinen und großen Wasserflächen sowie Flachmooren – als Folge des auftauenden Permafrostbodens. Das Wasser kann nicht abfließen, sondern sammelt sich.

Silberwurz blüht von Ende Mai bis Mitte Juni an kargen, felsigen Abhängen.

Typische Pflanzen der arktischen Tundra in Alaska sind Flechten, Moose, in Büscheln wachsende Wollgräser (S. 152), Seggen, Zwergbirken (S. 118) und -weiden, zahlreiche kleine, in leuchtenden Farben blühende Kräuter und Wasserpflanzen.

In Alaska existiert ein Wechsel von Wald- zu Tundravegetation nicht nur in Abhängigkeit von nördlicher Breite und in entsprechenden Höhenlagen über dem Meeresspiegel, sondern auch in Abhängigkeit von westlicher Länge. An der Westküste geht der boreale Wald in eine Tundra über,

»Alpine Arnica« – typische Pflanze der alpinen Vegetation (blüht Juni/Juli).

Die wachsartigen Blätter der Preiselbeere schützen die Pflanze vor Kälte und Trockenheit.

die reicher an Sträuchern, Kräutern und Wasserpflanzen ist als im Norden. Für die klimatischen Verhältnisse, die hier zu diesem Vegetationtyp führen, sind Beringmeer und Tschuktschensee mit ihren kalten Strömungen verantwortlich. Zwar steigen die Sommertemperaturen etwas mehr an als im North Slope, aber für Baumwuchs ist es noch nicht warm genug.

Tierwelt

Die Tierwelt Alaskas beeindruckt die meisten Besucher. Die großen Land- und Meeressäugetiere der nordischen Wildnis, die man sonst bestenfalls im Zoo sieht, ziehen noch in großer Zahl durch Wald und Tundra oder tummeln sich vor den Küsten. Die erste Begegnung mit einem Bären oder die Sichtung eines Wals bleiben unvergeßliche Erlebnisse.

Bei einem großen Teil von Alaskas Tieren handelt es sich um zirkumpolar verbreitete Arten. Sie haben sich auf unterschiedlichste Weise den langen, kalten Wintern und der Nahrungsknappheit in dieser Jahreszeit angepaßt. Vor der Kälte schützen sie sich durch ein Fell, das im Winter wesentlich dichter wird, und eine darunterliegende Fettschicht. Der Moschusochse bildet im Herbst eine zusätzliche Schicht von feinen Haaren. Damit dringt so wenig Wärme nach außen, daß selbst dort, wo er liegt, kein Schnee unter ihm schmilzt. Der Braunbär (S. 92) hält in einer Höhle Winterruhe und das Eisgraue Murmeltier (S. 84) Winterschlaf. Dabei läuft der Stoffwechsel auf Sparflamme. Körpertemperatur und Atemfrequenz sind stark herabgesetzt. Die Tiere zehren den ganzen Winter von der im Sommer angefressenen Fettschicht. Andere wie Lemming oder Spitzmaus legen sich einen Nahrungsvorrat zu und verbringen die kalte Jahreszeit geschützt unter der Erde. Karibus (S. 150) ziehen im Winter von der Tundra in den borealen Wald, der dann mehr Schutz und Nahrung bietet. Und eine große Gruppe von Meeressäugern und die meisten Vögel verlassen im Herbst den hohen Norden. Sie schwimmen oder fliegen in wärmere Regionen der Erde, wie zum Beispiel Küstenseeschwalbe (S. 22) und der Buckelwal (S. 40).

Landsäugetiere

Der unangefochtene König der alaskanischen Wildnis ist der Braunbär, der von der arktischen bis zur pazifischen Küste Tundra und Wald durchstreift. Aufgerichtet erreichen einzelne Exemplare auf Kodiak die imposante Höhe von 3 m. Das brachte ihm den Titel: »größtes Landraubtier der Erde ein«, den er sich allerdings mit seinem Vetter dem Eisbären teilen muß. Der Eisbär, ein Bewohner der südlichen Treibeisgrenze, kommt nur an der nördlichen Küste von Alaska vor. Im Sommer aber, wenn die Treibeisgrenze weit vor der arktischen Küste liegt, wird man ihn auch dort vergeblich suchen. Die dritte Bärenart, der kleinere Schwarzbär, meidet dagegen weitgehend das Gebiet nördlich der Brooks-Kette. Die 3 Bärenarten gehören zur Ordnung der **Raubtiere.** Weitere Raubtiere aus der Hundefamilie, nämlich Wolf (S. 127), Kojote, Rot- und Eisfuchs (S. 112), und Marderfamilie, z. B. Vielfraß (S. 148), Fichtenmarder, Mink, Hermelin, Kleinstwiesel, Nordamerikanischer Fischotter (S. 79), gehen in Alaska auf Beutefang. Während der Eisfuchs ein typischer Bewohner der arktischen Tundra und der Fichtenmarder des Waldes ist, sind die übrigen in allen Vegetationszonen Alaskas zu Hause. Das gilt auch für den Kanadaluchs (S. 106) der einzigen Katzenart im hohen Norden.

Als kleine Beutetiere kommen Vertreter aus der Ordnung der Nagetiere, der Hasentiere und der Insektenfresser in Frage. **Nagetiere** gibt es reichlich überall in Alaska. Nordamerikas größtes Nagetier, der Kanadische Biber (S. 80), baut seine Wasserburgen fast in allen bewaldeten Regionen. Die Bisamratte schwimmt in den weiten Flußdeltas südlich des North Slope. Von den Murmeltieren gräbt sich das Eisgraue Murmeltier (S. 84) seinen Bau an Gebirgsabhängen und das Waldmurmeltier in den lehmigen Böden entlang der Flußtäler. Die Waldzonen bewohnen Rothörnchen (S. 96) und Nordamerikanischer Baumstachler (S. 142) und die Tundra Lemminge (Grönländischer Halsbandlemming, Berglemming), Arktisches Erdhörnchen (S. 124) sowie die zu den **Insektenfressern** gehörenden Spitzmäuse. Von den **Hasentieren** findet man in Alaska Schneeschuh- (S. 104) und Tundrahase, die beide im Winter ein weißes Haarkleid bekommen, sowie den Pika oder Pfeifhasen (S. 84), ein naher Verwandter von Hase und Kaninchen, der in Kolonien im Gebirge lebt.

Großwildarten aus der Ordnung der **Paarhufer** waren in Alaska schon immer unter Trophäenjägern begehrt und stellen auch heute noch für viele Alaskaner eine zusätzliche Nahrungsquelle dar. An erster Stelle steht hier der Elch (S. 108), das größte Mitglied aus der Hirschfamilie. Die alaskanische Rasse bringt besonders mächtige Exemplare hervor und ist im Flachland und den Tälern fast über das ganze Festland verbreitet. Dagegen hält sich ein kleinerer Vertreter aus der Hirschfamilie, der Schwarzschwanz-Maultierhirsch (S. 54), nur im Küstenregenwald auf und

Eisbären wandern als Einzelgänger auf dem Packeis. Dort jagen sie Ringel- und Bartrobben – ihre Hauptbeute.

Tierwelt der Eiszeit

Immer wieder lassen gut erhaltene Fossilien aus dem Permafrostboden einen Blick auf die reichhaltige Tierwelt zu, die in Alaska existierte, als halb Nordamerika unter einer dicken Eisdecke lag. Es handelt sich um die Säugetiere des Pleistozäns (vor 1,8 Mio. bis 10 000 Jahren), des insgesamt kalten Erdzeitalters, in dem sich Eiszeiten mit wärmeren Perioden abwechselten. In den kalten Intervallen wurden große Mengen Wasser durch Gletscher gebunden. Die Folge: Der Meeresspiegel fiel um 100 m oder mehr und gab Beringia, eine breite Landbrücke zwischen Asien und Nordamerika, frei. In Alaska selbst blieben weite Teile des Landes unvergletschert. Nördlich der Alaska-Kette war das Klima sehr trocken. Die Niederschläge reichten nicht zur Gletscherbildung. Während der kältesten Perioden stellte Alaska biologisch sogar eine Halbinsel des asiatischen Kontinents dar. Denn Eiswände quer durch Kanada vom Nordpolarmeer bis zum Pazifischen Ozean schotteten Pflanzen- und Tierwelt vom übrigen amerikanischen Kontinent ab.

Alaska war damit ein Teil einer gewaltigen nördlichen Steppenlandschaft geworden, die sich vom Yukon über die asiatische Landmasse bis nach Europa erstreckte. Höhlenmalereien in Südfrankreich und Nordspanien, vor rund 30 000 bis 15 000 Jahren von späteiszeitlichen Künstlern geschaffen, zeigen Tiere in Lebensgröße, die in jener Zeit auch zur Fauna Alaskas gehörten: Mammut, Steppenbison, Pferd und Rentier. Die meisten Fossilien, die man in Alaska gefunden hat, stammen aus der letzten großen Eiszeit (vor 100 000 bis 10 000 Jahren). Danach dominierten in der Steppe Mammut, Steppenbison und Pferde. Weiter gab es Kamele, Karibus, Moschusochsen und Dallschafe. Fast alle kleinen Säuger der heutigen Tundralandschaft bewohnten die Steppe: Lemminge, Murmeltiere, Spitzmäuse, Arktisches Erdhörnchen und Schneeschuhhase.

Sie alle versprachen reiche Beute für die großen Raubtiere der Eiszeit: Säbelzahntiger, Steppenlöwe und »Short-faced Bear« *(Arctodus simus)*, eine Bärenart doppelt so groß wie ein Braunbär. Der »Short-faced Bear« ernährte sich wahrscheinlich von Aas, das er durch seine imposante Größe anderen Räubern leicht streitig machen konnte. Aber auch Wölfe, Luchs, Braunbär, Vielfraß und Eisfuchs zogen über das kalte, trockene Land.

In wärmeren Perioden des Pleistozäns verdrängte Wald Teile der Steppenvegetation. Innerhalb solcher Warmzeiten lebte ein entfernter Verwandter von Elefant und Mammut, das Mastadon, in Alaska sowie ein anderer großer Waldbewohner: das Riesenfaultier *(Megalonyx jeffersonii)*. Aufrecht besaß es eine Höhe von mehr als 4,5 m.

Während viele Eiszeittiere noch heute Alaskas Tundra und borealen Wald bewohnen, sind einige der Großtierarten mit dem Ende der Eiszeit ausgestorben. Ein wärmeres Klima und die sich damit verändernde Vegetation entzogen ihnen die Lebensgrundlage. Im Gegensatz zu anderen Regionen der Nordhalbkugel fehlen für Alaska Hinweise, daß der jagende Mensch an ihrem Verschwinden beteiligt gewesen sein könnte. Wissenschaftler streiten darüber, ob Mensch und Mammut sich überhaupt in Alaska begegneten oder diese großen Tiere dort schon nicht mehr existierten, als die ersten Menschen eintrafen.

Droht Gefahr, bilden Moschusochsen eine starre Abwehrmauer – ein Verhalten, das zu ihrer Ausrottung beigetragen hat.

Dallschaf (S. 116) sowie Schneeziege (S. 121) hoch oben in den Bergen. Durch die Tundra ziehen große Karibuherden. Außerdem gibt es in der arktischen Tundra kleinere Herden des Moschusochsen, der durch Überjagd in Alaska schon Ende des 18. Jh. ausgerottet war und erst wieder in den dreißiger Jahren dieses Jahrhunderts im hohen Norden angesiedelt wurde.

Meeressäugetiere

In den Gewässern vor den Küsten Alaskas suchen im Sommer 18 Walarten, 10 Robbenarten und der Seeotter nach Nahrung. Der Seeotter (S. 58) gehört wie auch die Robben zu den Raubtieren, ist aber ein Mitglied der Marderfamilie. Diese Vielfalt an Meeressäugern bot Eskimos und Aleuten über Jahrhunderte ihre Existenzgrundlage, bis vor 200 Jahren Pelzjäger und später Walfänger die Bestände dezimierten und einige Arten fast auslöschten, wie z. B. den Seeotter. Seit 1911, seitdem er geschützt wird, waren seine Bestände wieder auf 150 000 angestiegen, bis in den neunziger Jahren in einigen Regionen aus noch ungeklärten Gründen wieder starke Populationseinbrüche beobachtet wurden.

Ein großer Teil der **Wale** zieht zum Winter in wärmere Gewässer, z. B. der Grauwal an die Küste Mexikos. Mit etwas Glück hat der Besucher der Fjorde Südostalaskas, des Cook Inlets und der Gewässer Südwestalaskas die Chance einen der folgenden Wale zu sehen: Buckelwal (S. 40), Pottwal, Schwertwal (S. 62), Beluga (S. 84), Grauwal, Finnwal, Pazifischer Delphin und Schweinswal. Von den **Robben,** tummeln sich im Golf von Alaska oder in den Fjorden Südostalaskas nur Seehund (S. 43), Stellers Seelöwe (S. 69) und gelegentlich der Kalifornische Seelöwe. Nördliche Seebären (S. 110) trifft man im Sommer zu Tausenden auf den Pribilof-Inseln und Walroßbullen (S. 161) zu Hunderten auf Round Island im Beringmeer. Ringelrobbe, Bartrobbe und Streifenrobbe wandern mit den Packeisgrenzen vom Bering- bis zum Nordpolarmeer. Die Robben (Ordnung der Raubtiere) teilt man in 3 Familien ein:

Der Gerfalke, einer der wenigen Vögel, die im Winter in der Arktis bleiben.

Auffällig gefärbt: die Kragenente. Abgebildet: Erpel.

Unter den Zugvögeln ein Rekordhalter: die Küstenseeschwalbe. 2 mal im Jahr fliegt sie von Pol zu Pol.

Ohrenrobben (Stellers und Kalifornischer Seelöwe, Nördlicher Seebär), Hundsrobben (Bartrobbe, Seehund, Ringelrobbe, Streifenrobbe) und Walrosse. Während Hundsrobben und Walrosse keine Ohrmuscheln besitzen, haben die Ohrenrobben winzige äußere Ohren.

Vögel

Nach dem Vogelführer »Guide to the Birds of Alaska« wurden in Alaska 437 Arten beobachtet. Die meisten von ihnen sind aber keine ständigen Bewohner des Nordens, sondern als Zugvögel lediglich Sommergäste. Es handelt sich insbesondere um See- und Wasservögel, die an den Küsten, den Flußmündungen, den unzähligen Seen und in den Tundrafeuchtgebieten ihren Nachwuchs großziehen. Ungefähr 100 von mehr als 230 Vogelarten, die während des Sommers in der arktischen Tundra leben, brüten dort. Den Winter verbringen aber nur Schnee-Eule (S. 145), Gerfalke, Kolkrabe und Moorschneehuhn in der Arktis. Im milderen Klima Südostalaskas bleiben von ungefähr 300 Arten wesentlich mehr auch den Winter über, u.a. Weißkopfseeadler (S. 51), Grauwasseramsel, Vancouver-Kanadagans, Kragenente, Alpenschneehuhn (S. 138), Diademhäher (S. 48) und Virginia-Uhu (S. 129). Ein Rekordhalter unter den alaskanischen Zugvögeln ist die Küstenseeschwalbe. Sie brütet in Alaska und muß rund 18 000 km zurücklegen, um ihr Winterquartier in der Antarktis zu erreichen.

Da die meisten der See- und Wasservögel in großer Zahl auftreten, wird jeder Besucher viele von ihnen entdecken können, so z. B. Kanadagans (S. 143) und Trompeterschwan (S. 62) aus der Ordnung der Entenvögel. Allein die Entenvögel sind mit 49 Arten in Alaska vertreten und die Watvögel mit über 60 Arten. Vielleicht sehen

Sie auch in den Feuchtgebieten Kanadakranich (S. 78) oder eine der Seetaucherarten. Bestimmt werden Ihnen aber einige von den Brutvögeln der »Vogelfelsen« begegnen: Trottellumme (S. 72) und farbenprächtiger Gelbschopflund (S. 67) aus der Ordnung der Alken, Meerscharbe und Dreizehenmöwe (S. 66).

Fische

Für Mensch, Küstenbraunbär und Weißkopfseeadler sind **Lachse** eine unverzichtbare Lebensgrundlage. Jeden Sommer wandern 5 Lachsarten aus dem Meer die Flüsse hinauf: Blaurückenlachs, Buckellachs, Kisutsch-Lachs, Quinnat und Keta-Lachs. Zu dieser Zeit bringen Tausende rot gefärbter Fischlaiber das Wasser zum brodeln. Die Lachse schwimmen flußaufwärts zu ihren Geburtsstätten, um dort zu laichen. Anschließend sterben sie und säumen die Ufer mit ihren Kadavern. Den unter Anglern begehrtesten Lachs, den Quinnat, nennen die Alaskaner »King Salmon« (Königslachs). Rekordexemplare brachten um die 40 kg auf die Waage.

Neben den 5 Lachsarten fischen in Alaska Angler aus aller Welt ebenfalls gerne nach anderen Vertretern aus der Ordnung der **Lachsfische:** Arktische Äsche, »Dolly Varden«, Regenbogenforelle und Seesaibling, der schon mal ein Höchstgewicht um die 20 kg haben kann. Die Arktische Äsche als der am weitesten nördlich verbreitete Süßwasserfisch schwimmt noch in den Seen der arktischen Tundra. Sie wächst allerdings sehr langsam. Um eine Länge von 40 cm zu erreichen, braucht sie etwa 9 Jahre. Gefragt sind auch der ausschließlich in Nordamerikas und Sibiriens Arktis und Subarktis beheimatete Sheefisch oder der Nordische Hecht. Ein wahrer Riese unter den **Plattfischen** lebt im Pazifik vor Alaskas Küste: der Pazifische Heilbutt (S. 170). Den Gewichtsrekord hält ein Exemplar, das in Südostalaska in der Nähe von Petersburg gefangen wurde. Es wog über 220 kg. Dies sind nur einige wenige Vertreter der über 300 Fischarten, die in den Gewässern Alaskas zu Hause sind, auf die Sie aber abhängig von Region und Jahreszeit mit Sicherheit stoßen werden, falls die Angelleidenschaft Sie packen sollte.

Insekten

Hier sollen die lästigen Quälgeister aus der Ordnung der **Zweiflügler** erwähnt werden, die keinen Reisenden mit ihrer Aufdringlichkeit verschonen. Besonders **Moskitos** (Stechmücken) und Kriebelmücken machen den Warmblütern das Leben schwer. Die Larvenstadien leben im Wasser und spielen eine wichtige Rolle in der aquatischen Nahrungskette des Nordens. Im Frühsommer schlüpfen die voll entwickelten Moskitos und ziehen wie schwarze Rauchfahnen über die Feuchtgebiete. Nur die Weibchen stechen und saugen Blut, das ihre Eiproduktion anregt. Sie werden u.a. angezogen durch Wärme, Feuchtigkeit, Kohlendioxid und dunkle Kleidung. Die Massenentwicklung der Moskitos hat ihren Höhepunkt in Tundra und borealem Wald während der Monate Juni und Juli. Etwas später steigen dann die winzigen **Kriebelmücken**, auch »Blackflies« genannt, aus den Gewässern auf. Sie können durch ihre kleinen, schmerzhaften Stiche zu einer wahren Plage werden.

Nicht nur der Mensch, sondern auch z. B. Karibus haben extrem unter den Stechinsekten zu leiden. Ihnen macht zudem noch die **Rentierbremse** zu schaffen, deren Larven sich durch die Haut der Tiere bohren. Dort ernähren sie sich während des Winters vom Fleisch ihres Wirtes. Die Folge: Im Frühjahr sitzen unter der Haut der Karibus dicke Maden.

Besiedelung

Wann genau die ersten Menschen nach Alaska kamen, ist nicht bekannt. Wissenschaftler gehen davon aus, daß die Besiedlung des amerikanischen Kontinents in der Zeit vor etwa 12 000 Jahren stattfand. Während dieser Zeit, so wird vermutet, kamen Gruppen von Jägern aus Asien über die Landbrücke Beringia, die damals Asien mit Nordamerika verband. Die ersten Spuren menschlichen Wirkens in Alaska sind 11 000 bis 12 000 Jahre alt. Es handelt sich um Überreste alter Jagdlager (Pfeilspitzen und andere Jagdutensilien). Aus sprachlichen und kulturellen Übereinstimmungen schließen viele Forscher, daß die heute im nördlichsten Bundesstaat der USA lebenden Eskimos und Indianer mindestens von 2 unterschiedlichen Einwanderungswellen abstammen: Athabasken und Tlingits einer früheren und Eskimos und Aleuten einer späteren. Sprachlich lassen sich die Eskimos weiter unterteilen: die im Norden lebenden Inupiats, zu denen auch die grönländischen Eskimos gehören, und die im Südwesten wohnenden Yuits. Ihre Sprachen unterscheiden sich wie Englisch und Deutsch voneinander. Dagegen gehören die in Zentralalaska lebenden Athabasken der gleichen Sprachfamilie an wie Apachen und Navajos im Südwesten der USA.

Als die ersten Europäer Mitte des 18. Jh. »das große Land« für sich entdeckten, sollen dort nach Schätzungen ungefähr 80 000 Eskimos und Indianer gelebt haben. Dem frühesten ständigen Kontakt mit den Fremden aus Europa waren die Aleuten ausgesetzt. Sie haben der Begegnung mit russischen Pelzjägern, Kaufleuten und Abenteurern einen hohen Tribut gezollt. Eingeschleppte Krankheiten und Versklavung führten zur weitgehenden Vernichtung der alten Kultur.

Eskimos wachsen heute zwischen zwei Kulturen auf. »High Tech« sowie alte Traditionen gehören zum Lebensalltag.

Russisch-Alaska

1724 erteilte Zar Peter der Große dem dänischen Seemann Vitus Bering den Auftrag, die Ostgrenze Sibiriens zu erforschen und nach einer möglichen Landbrücke zwischen Amerika und Asien zu suchen. Aber erst auf seiner zweiten Expedition entdeckte er Alaska. 1741 stach er mit den 2 Schiffen Sankt Peter und Sankt Paul in See. Am 16. Juli 1741 sichtete die Besatzung der Sankt Peter, unter der sich auch der aus Bayern stammende Naturwissenschaftler Georg Wilhelm Steller befand, im Golf von Alaska Land: den schneebedeckten Gipfel des Mt. St.-Elias. Auf jener Reise beschrieb Georg Steller die Fauna an der Küste Alaskas. Einige Tiere tragen seinen Namen: Stellers Seelöwe und der Diademhäher (engl. »Stellers Jay«). Stellers Seekuh, die eine Länge von 8 m gehabt haben soll, ist ausgerottet worden.

Diesem Schicksal entgingen nur knapp Seeotter und Pelzrobbe. Nachdem die Heimkehrer der russischen Expedition erzählten, daß es in den fremden Gewässern von Pelztieren nur so wimmelt, begann schon bald die Jagd auf die kostbaren Felle. Die Russen gründeten überall Handelsniederlassungen, die den Pelzreichtum der Aleuten, der Pribilof-Inseln und des Gebietes um den Golf von Alaska ausbeuteten. Kodiak und Sitka entwickelten sich zu den wichtigsten russischen Siedlungen. Hundert Jahre später ging der Pelzhandel durch schlechte Preise in Europa und reduzierte Populationen der Pelztiere in Alaska drastisch zurück. Konflikte in Europa und Geldmangel veranlaßten die Zarenregierung, Alaska den USA zum Kauf anzubieten.

Alaska wird Teil der USA

1867 erwarb Amerika »das große Land« für 7,2 Mio Dollar. Obwohl sich bald eine gewinnträchtige Lachsindustrie entwickelte und der Klondike-Goldrausch von 1897 die nördliche Wildnis ins öffentliche Interesse rückte, dauerte es noch bis 1959, daß Alaska als 49. Staat in die Union aufgenommen wurde. Heute ist das »schwarze Gold«, das Erdöl, der bedeutendste Wirtschaftsfaktor, aber ebenfalls ein Faktor, der bedrohliche Auswirkungen auf das empfindliche nördliche Ökosystem haben kann. Die Ölfelder liegen in der Prudhoe Bay. Von hier wird das Öl über die 1977 fertiggestellte Pipeline vom Nordpolarmeer bis an den Pazifik nach Valdez gepumpt; ein Ort der 1989 durch die Ölkatastrophe im Prince William Sound traurige Berühmtheit erlangte, als ein Supertanker, die Exxon Valdez, auf ein Riff lief und 42 Mio. Liter Rohöl Meer und Küste verschmutzten. Beeinträchtigungen oder sogar die Zerstörung der einmaligen arktischen Wildnis des Arctic National

Totempfahl der Tlingit-Indianer: ein »Familienwappen« mit Informationen über die Vorfahren.

Russisch-orthodoxe Kirche in Karluk auf Kodiak (Hauptreiseziel 8).

Wildlife Refuge befürchten Umweltschützer, wenn die Erdölindustrie beginnen sollte, auch dort nach dem fossilen Energiestoff zu bohren. Geologen vermuten unter dem gefrorenen Boden eines der größten Erdölvorkommen auf amerikanischem Boden.

Naturschutzgebiete

In keinem anderen Bundesstaat wurde soviel Landfläche unter Naturschutz gestellt wie in Alaska. Nach jahrelangen heftigen Debatten zwischen »Entwicklern« und »Bewahrern« unterzeichnete 1980 der amerikanische Präsident Jimmy Carter den Alaska National Interest Lands Conservation Act. Das Gesetz schuf Naturschutzgebiete auf fast einem Drittel von Alaskas Landfläche.

Allein 13 Prozent von Alaska, eine Landfläche fast so groß wie die alte Bundesrepublik Deutschland, gehört jetzt zum amerikanischen Nationalparksystem (Verwaltung: Nationalpark Service). Darunter fallen Nationalparks, National Preserves, National Monuments und 25 Flüsse mit der Bezeichnung »National Wild and Scenic River«. Die Unterschiede dieser Gebiete liegen in ihrer Nutzung. Im Gegensatz zu den **Nationalparks** ist z. B. die Jagd (unter Einhaltung der Schonzeiten usw.) in den **National Preserves** gestattet. Eine Ausnahme bilden alte Jagdrechte der Urbevölkerung, wenn sie der Selbstversorgung dienen. Sie dürfen dieses Recht in manchen Fällen auch in Gebieten wahrnehmen, in denen die Jagd sonst nicht erlaubt ist.

Ebenfalls ein großes System von Schutzgebieten stellen die **National Wildlife Refuges** dar. Hier sind alle Formen der Freizeitnutzung einschließlich Jagen erlaubt, sofern Wildbestand und Lebensraum erhalten bleiben. Verwaltet wird dieses Land von dem U.S. Fish and Wildlife Service. Daneben existieren noch zahlreiche weitere Schutzgebiete, für die andere Bundesbehörden (U.S. Forest Service) oder lokale Behörden verantwortlich sind (z. B. Alaska Department of Fish and Game oder Alaska Division of Parks).

Mendenhall-Gletscher vor Juneaus Haustür; im Mendenhall-Feuchtgebiet machen viele Zugvögel einen Zwischenstopp; Vegetationszonen vom Küstenregenwald bis zur alpinen Tundra; gut ausgebautes Netz von Wanderwegen.

Juneau, der Regierungssitz Alaskas am Fuße des Küstengebirges und flächenmäßig die größte Stadt Nordamerikas, verdankt seine Existenz dem Gold, das 1880 gefunden wurde. Noch vor 20 000 Jahren hüllte die ganze Gegend eine dicke Eisschicht ein, aus der nur Gipfel herausragten, die höher als 1500 m waren. Die Gletscher gestalteten die heutige Landschaft Südostalaskas, indem sie U-förmige Täler – die Fjorde – aus dem Gebirge hobelten. Überrest der gewaltigen Eismassen ist das über 4000 km² große Juneau-Eisfeld. Es speist alle umliegenden Gletscher, auch den Mendenhall, einer der meistbesuchten Gletscher Alaskas. Sein Eis legt von seinem Ursprung bis zu seinem Ende am Mendenhall-See eine Strecke von fast 20 km zurück. Jährlich zieht sich der Gletscher um etwa 9 m zurück und macht neue Flächen für Flora und Fauna frei.

Pflanzen und Tiere

In Juneau sind fast alle Biotope Südostalaskas vertreten. An der Küste liegt ein großes tidenabhängiges Feuchtgebiet, das aus »Salzmarschen« und Flußmündungen besteht: Mendenhall Wetlands State Game Refuge. Neben Weiden- und Erlendickichten wachsen hier salztolerante Pflanzen wie z. B. Seggen und Strandwegerich. Weitere typische Pflanzen sind Pazifische Salzschwade, Milchkraut, Rasenschmiele und Strandroggen. Das Feuchtgebiet zeichnet sich durch Nah-

Attraktion der Hauptstadt Alaskas:
der Mendenhall-Gletscher – ein Ausläufer des gewaltigen Juneau-Eisfeldes.

Auch in Alaska wurden in den letzten Jahrzehnten große Flächen des Küstenregenwalds abgeholzt.

rungsreichtum aus und wird von vielen Zugvogelarten für einen Zwischenstopp genutzt auf dem Weg von ihrem Überwinterungsgebiet im Süden zu ihren Brutplätzen im Norden und umgekehrt. U.a. Vögel wie Vancouver-Kanadagans, Kanadareiher, Weißkopfseeadler (S. 51), Kragenente (S. 22), Stockente und Büffelkopfente verbringen den Winter in den Mendenhall Wetlands. Bisamratte und Nordamerikanischer Fischotter (S. 79) finden reichlich Nahrung vor.

An der Küste wuchert Regenwald mit Sitkafichten und Westamerikanischer Hemlocktanne, die ab 450 m über dem Meeresspiegel von der Gebirgshemlocktanne abgelöst wird. An der Baumgrenze bilden subalpine Wiesen den Übergang zur alpinen Tundra. Charakteristisch für die subalpinen Wiesen sind: Bärenklau; Waldfrauenfarn; Waldweidenröschen (S. 126); »Deer Cabbage«, eine dem Bitterklee verwandte Pflanze und eine Lieblingsspeise des Schwarzschwanz-Maultierhirsches; Sitkabaldrian (blüht Juli/August); der Eisenhut »Monkshood« (S. 128); die Enzianart »Spotted Gentian« mit ihren großen blauen Blüten (August/September). Im Sommer halten sich hier neben Braun- (S. 92) und Schwarzbär, Eisgraues Murmeltier (S. 84), Felsengebirgshuhn und Schneeziegen (S. 121) auf.

Den Wiesen schließt sich dann alpine Tundra an mit typischen Pflanzen wie Alpenazalee (blüht Anfang Juni), Stengelloses Leimkraut (S. 14), Alaska-Steinbrech (blüht Juni/Juli), Alpengelbling, Rauschbeere (S. 126), Krähenbeere (S. 147) und verschiedenen Flechtenarten. Die alpine Tundra ist Lebensraum der Schneeziegen. Auch den Braunbären kann man hier wie überall in Juneaus Umgebung antreffen.

Im Gebiet unterwegs

Juneau bietet auf seinen 250 Straßenkilometern Zugang zu zahlreichen Wanderwegen. Es gibt kaum eine leichtere und billigere Art, um verschiedene Biotope Südostalaskas mit ihrer Flora und Fauna kennenzulernen. In welcher Hauptstadt kann man schon Gletscher besichtigen oder Schwarz- und Braunbären treffen. Informationen über Wanderwege und ihren Zustand erhalten Sie im Zentrum Juneaus beim Forest Service in der Centennial Hall oder in der Davis Log Cabin sowie am Mendenhall-Gletscher im Besuchszentrum.

Im Norden von Juneau, Glacier Highway bei Meile 27,9, geht es links zum Nordufer der **Eagle-River-Mündung** ①. Weißkopfseeadler suchen an der Mündung nach Fischen oder sitzen auf angrenzenden Sitkafichten und Hemlocktannen. Rechts (Meile 28,4) zweigt der **Amalga Trail** ② ab, der etwa nach 10 km auf eine Hütte (kann zur Übernachtung gemietet werden) am See vor dem **Eagle-Gletscher** trifft. Auf dem **Herbert Glacier Trail** ③ (bei Meile 26,9 Glacier Highway) sind es etwa 7 km bis zum **Herbert-Gletscher**. Beide Wege führen durch Wald mit großen Pappeln, Sitkafichten und Hemlocktannen, im Untergrund wachsen »Devil's Club« (S. 60), Kanadischer Hartriegel (S. 32) und »Highbush Craneberry« (S. 87).

Meile 12,6 Glacier Highway: Hier startet der 4,8 km lange **Spaulding Meadows Trail** ④, der schöne Ausblicke auf **Lynn Canal, Douglas** und **Admiralty Island** bietet. Nach 0,8 km zweigt der **Auke Nu Trail** ⑤ ab. Auf ihm gelangt man zur 4 km entfernten John Muir Cabin. Beide Wege führen durch im Frühling bunt blühende Wiesen.

Sehr beliebt sind die Wanderwege um den **Mendenhall-Gletscher**. Der West **Glacier Trail** ⑥ (5,4 km) beginnt hinter dem Mendenhall-Campingplatz. Er liefert schöne Blicke auf den Gletscher und kann auf zusätzlichen 3,2 km bis zum Gipfel des Mt. McGinnis fortgesetzt werden. Allerdings ist dieser Teil sehr steil und gefährlich und nur für erfahrene Wildniswanderer geeignet (Dauer: hin und zurück 8 h). Auf der anderen Seite des Mendenhall-Sees am Besuchszentrum befindet sich der **Moraine Ecology Trail** ⑦, ein 2,4 km langer Rundgang den Mendenhall-See hinunter. Seetaucher sind auf dem See zu finden. Der **East Glacier Loop Trail** ⑧ windet sich auf 5,6 km durch Regenwald mit guten Aussichten auf Gletscher und See. Von diesem Rundgang zweigt der **Nugget Creek Trail** ⑨ ab. Gleich am Anfang kann man Lachse im Fluß laichen sehen. Die Wege am Gletscher zeigen in welcher Abfolge Pflanzen das von Eis befreite Land zurückeroberten.

An verschiedenen Punkten kann man Vögel im **Mendenhall Wetlands State Game**

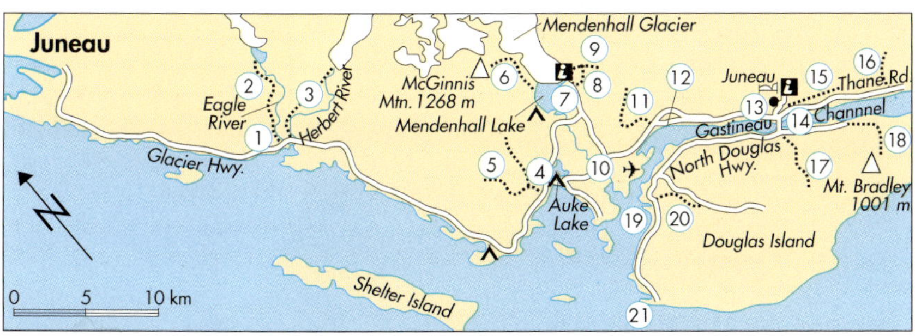

Gletscher

»Flüsse aus Eis« werden Gletscher in Alaska genannt. Denn sie sind alles andere als feste Panzer. Vielmehr fließen die Eismassen wie das Wasser eines Flusses in Richtung der Schwerkraft, nur viel langsamer. Schnee, der übers Jahr nicht mehr ganz wegtaut, sondern sich anhäuft, speist diese »eisigen Flüsse«. Solche Verhältnisse können in Hochgebirgen und polnahen Breiten herrschen.
In einem Tau- und Gefrierprozeß sowie durch den wachsenden Druck überliegender Schneemassen wandeln sich die Schneekristalle erst zu Firn und verdichten sich schließlich zu Gletschereis. Im Tal am Gletscherende schmilzt dagegen das Eis durch höhere Temperaturen. Gleichen sich Zufuhr und Verlust aus, so bleibt die Länge des Gletschers unverändert. Ist die Zufuhr dagegen größer als der Verlust, wächst der Gletscher. Ist sie kleiner, befindet er sich auf dem Rückzug. Dies trifft inzwischen auf fast alle Gletscher Alaskas zu. So sind seit 1945 von den 19 Gletschern des Juneau Icefields 18 zwischen etwa einem halben und fünfeinhalb Kilometern zurückgewichen. Nur der Taku-Gletscher hatte zwischen 1988 und 2005 seine Front weiter vorangeschoben, im Durchschnitt um 17 Meter pro Jahr.
Gletscher setzen sich nicht nur aus Eis zusammen, sondern sie führen jede Menge Schutt, Gesteinsabrieb und größere Felsbrocken mit sich, die, eingebettet in das Eis, fortgetragen werden. Das später nach Rückzug des Gletschers abgelagerte Gesteinsmaterial bezeichnet man abhängig von der Lage zum Gletscher als End-, Seiten-, Mittel- oder Grundmoräne. Das Schmelzwasser strömt am Gletscherende durch das Gletschertor. Es bildet die Quelle für viele Flüsse in Alaska wie z. B. den Copper. Am Ende hinterlassen Gletscher U-förmig herausgeschliffene Täler, im Gegensatz zur V-Form eines vom Fluß geformten Tales.
Obwohl Gletscher für Tiere und Pflanzen einen extrem unwirtlichen Lebensraum darstellen, gibt es doch Leben auf dem Eis. Verschiedene Bakterien- und Algenarten können hier existieren. Besonders eine Rotalge, die ihre Energie aus der Sonneneinstrahlung durch Photosynthese gewinnt, überzieht gelegentlich die Eisflächen. Tritt so eine »Algenblüte« auf, verfärbt sich selbst das abschmelzende Wasser rot. Der vielleicht bekannteste Eisbewohner ist ein Verwandter des Regenwurms, der Eiswurm. Der schwarze bis etwa 2,5 cm lange Wurm windet sich im Bereich der Eisoberfläche. Temperaturen um den Gefrierpunkt stellen optimale Bedingungen dar. Wissenschaftler vermuten, daß sich der Eiswurm von Algen ernährt.

Bärenklau wuchert über 2 m hoch auf üppigen Wiesen. Er blüht von Juli bis Mitte August.

Refuge beobachten, das sich von der Mendenhall-Flußmündung etwa 10 km den Gastineau Channel entlang erstreckt: Ein kleiner Weg am Flughafen parallel zur Lan-

Im Sommer brütet die Büffelkopfente an Seen und Teichen. Abgebildet: Erpel.

debahn führt ins Feuchtgebiet ⑩; eine **Aussichtsplattform** ⑫ bei Meile 6 des Egan Drive; WICHTIG: Informieren Sie sich über Tidezeiten (Ebbe und Flut), bevor Sie ins Feuchtgebiet gehen.

Der **Heintzelmann Ridge Trail** ⑪ ist am Glacier Highway (Meile 7) ausgeschildert. Die Route mit einem steilen Anstieg (1000 m) klettert auf die Heintzelmann Ridge und setzt sich den Bergkamm entlang fort. Der gesamte fast 15 km lange Weg ist äußerst schwierig, bietet aber schöne Aussicht auf das Mendenhall-Feuchtgebiet.

Eine Lachsaufzuchtsstation, die **Gastineau Hatchery** ⑬, etwa 3 km vom Zentrum Juneaus entfernt, kann besichtigt werden. Das **Alaska State Museum** ⑭ in 395 Whittier Street informiert über Naturgeschichte, Kultur und Geschichte der Indianer und Eskimos. Juneau von oben kann auf dem **Mount Roberts Trail** ⑮ betrachtet werden nach einem etwa 15-minütigen steilen Aufstieg. Der Weganfang liegt am Ende von 6th Street. Einfacher geht es mit der Seilbahn, die im Sommer zwischen 9 und 21 Uhr in Betrieb ist. Regenwald, ein Flußtal und alpine Hänge durchquert der **Sheep Creek Trail** ⑯ auf etwa 5 km Länge. Start: Thane

Der Kanadareiher, ein typischer Bewohner von Feuchtgebieten, baut sein Nest meistens auf hohen Bäumen.

Im Küstenregenwald Südostalaskas breiten sich dicke Moosmatten aus wie hier am East Glacier Loop Trail.

Felsengebirgshühner kommen im Regenwald und auf alpinen Wiesen nahe der Baumgrenze häufig vor.

Road 4 Meilen südlich vom Zentrum Juneaus. Nach einem steilen 30-minütigen Aufstieg erreicht man **Sheep Creek Valley** mit zahlreichen Goldsucherruinen aus Juneaus Gründerzeit.

Über die Douglas Bridge gelangt man nach **Douglas Island**. Nicht weit von der Brücke entfernt, geht Cordova St. und davon Pioneer Ave. ab. Hier startet der **Dan Moller Trail** ⑰. Auf rund 5 km überwindet er eine Höhe von 500 m vorbei an alpinen Wiesen bis zur Dan-Moller-Hütte (dient tagsüber zum Aufwärmen, kann für Übernachtungen beim Forest Service gemietet werden). Von der 5th Street in Douglas zweigt der **Mount Bradley Trail** ⑱ ab. Diese schwierige, 4 km lange Route (hin und zurück ungefähr 11 h) steigt entlang von Mooren, Wiesen und alpiner Vegetation bis zum Gipfel des Mt. Bradley (1000 m). Wasservögel kann man

Im Juni/Juli blüht der Kanadische Hartriegel.

Tauprozesse haben den vom Gletscher transportierten Felsbrocken freigelegt. Geblieben ist ein Eissockel.

gut am Strand ⑲ bei Meile 9,1 des North Douglas Highways beobachten, und bei Meile 8,3 beginnt der **Fish Creek Trail** ⑳ (4 km). Er läuft am Fish Creek entlang, in dem es im Sommer von Lachsen wimmelt. Der **Outer Point Trail** ㉑ beginnt in einem alten Regenwald. Nach 0,8 km erreicht man die Mündung des Peterson Creek, der durchwatet werden muß. Dann geht es zum Outer Point immer am Strand entlang, mit einem großartigen Blick auf die Chilkat-Berge, Favorite Channel und Admiralty Island.

Praktische Tips

Anreise

Mit dem Flugzeug von Anchorage oder Seattle oder der Fähre von Bellingham und Prince Rupert oder Haines und Skagway.

Klima/Reisezeit

Hauptreisezeit Mai bis Ende September. Marines Klima: kühle, regnerische Sommer, milde Winter. Durchschnitt der Tageshöchsttemperaturen im Juli: 18 °C.

Unterkunft

Der Forest Service unterhält 2 Campingplätze und Hütten (Reservierung).

Hotels jeder Kategorie befinden sich in Juneau.

Adressen

- Forest Service und Mendenhall Glacier Visitor Center,
  8465 Old Dairy Road, Juneau, AK 99801
  Tel.: 907-789-0097
  www.fs.fed.us/r10/tongass
- Juneau Convention & Visitors Bureau, Centennial Hall Visitor Center,
  101 Egan Dr., Juneau, AK 99801
  Tel.: 907-586-2201
  www.traveljuneau.com
- Weitere Infos: www.juneau.org

11 Küstengletscher; Fjorde mit schwimmenden Eisbergen; schneebedeckte Gipfel; Buckel- und Schwertwale; Seehunde und Stellers Seelöwen; Wasservögel; Vegetation im ganzen Park nicht älter als 200 Jahre: Pionierpflanzen, subalpine Wiesen, junger Regenwald.

Angelockt durch die Reiseberichte des Naturforschers John Muir dampfte schon 1890 ein Touristenschiff in die eisige Landschaft der Glacier Bay. Sie galt als ein Fenster in die kalte Vergangenheit des nordamerikanischen Kontinents. Denn hier ereignete sich, was anderswo schon vor über 12 000 Jahren passierte: Der Eispanzer, der die Glacier Bay bedeckte, wich in atemberaubender Geschwindigkeit zurück und gab das Land wieder frei für Flora und Fauna. Um diese Prozesse ungestört beobachten zu können, bemühte sich die Ecological Society of America um einen Schutz für die einmalige Fjordlandschaft. 1925 erklärte der amerikanische Präsident das Gebiet zu einem National Monument. 1980 schließlich wurde eine Fläche von 13 000 km² zum Glacier-Bay-Nationalpark und Preserve.

Frühe Berichte über die Glacier Bay stammen von Capt. George Vancouver. Er segelte 1794 an der Küste Südostalaskas entlang und beschrieb die Bay nur als eine kleine etwa 10 km tiefe Einbuchtung, die von haushohen Eiswänden begrenzt wurde. Es handelte sich um das Ende eines mächtigen Gletschers: 1200 m dick, mehr

Steil ragen die Eiswände des Margerie-Gletschers aus dem Meer – einer von 16 Küstengletschern im Nationalpark.

Fast alle Gletscher der Glacier Bay ziehen sich zurück (hier am Westarm). Langsam erobern Pflanzen das neue Land.

als 30 km breit, und sein Ursprung lag 160 km entfernt in den St.-Elias-Bergen. Damit bestand fast das gesamte Gelände des Nationalparks aus einer großen Eisfläche. Als John Muir 1879 in die Glacier Bay paddelte, war das Eis bereits 77 km zurückgewichen und 1916 konnte man 105 km vom Anfang der Bucht bis zu ihrem Ende – dem Grand-Pacific-Gletscher – zurücklegen.

Dieser jetzt seit 200 Jahren beobachtete Prozeß ist nicht neu für die Glacier Bay. Zuletzt nach dem Ende der großen Wisconsin-Eiszeit vor etwa 12 000 Jahren wichen die Gletscher ebenfalls zurück und gaben die Fjordarme, Muir, Wachusett und Adams frei. Dichter Wald aus Sitkafichten und Hemlocktannen entwickelte sich.

Dann während der »Kleinen Eiszeit«, als die weltweite Durchschnittstemperatur nur ein Grad unter der heutigen lag, wuchs das Eis in der Glacier Bay wieder bis es um 1750 seine maximale Ausdehnung erreichte. Die Quelle für die »Flüsse aus Eis« sind hier feuchtigkeitsgeladene Luftmassen aus dem Pazifik, die ihre nasse Fracht in Form von Schnee an den hohen Küstengebirgen, Fairwether-Kette und St.-Elias-Berge, abladen. Insgesamt befinden sich heute im Nationalpark 11 Gletscher, deren Enden bis ins Meer reichen (Küstengletscher oder »Tidewater Glacier«). Viele von

Samenstände der Silberwurz. Silberwurz besiedelt als Pionierpflanze karge Böden, die Gletscher hinterlassen.

Nur an wenigen Tagen geben Wolken den Blick auf Mt. Fairwether (4670 m) frei, dem höchsten Berg des Nationalparks.

ihnen kalben, so nennt man die Geburt der Eisberge, die in den Fjorden treiben: Riesige Brocken lösen sich von den aus dem Wasser ragenden, steilen Eiswänden und stürzen mit lautem Getöse ins Meer (S. 72). In ganz Südostalaska hatte der schwere bis zu 1500 m dicke Eispanzer die Erdkruste niedergedrückt. Seitdem sich aber das Eis zurückzieht, steigt sie wieder empor. Im Bereich der Buchtmündung, in Bartlett Cove, sind neben der Befreiung von der Eislast auch tektonische Kräfte dafür verantwortlich, daß sich das Land um fast 4 cm pro Jahr hebt.

Pflanzen und Tiere

Für Biologen stellt die Glacier Bay ein großes Freiluftlabor dar. Dort können sie beobachten, welche Pflanzen zuerst die leblose, kahle Fläche erobern, die das Eis freigibt, wie lange es dauert bis sich Küstenregenwald entwickelt, wann welche Tiere ein-

An felsigen Uferabschnitten sucht der Braunmantel-Austernfischer nach Schnecken und Muscheln.

wandern. In Bartlett Cove, heute mit Küstenregenwald bewachsen, zog sich das Eis vor 200 Jahren zurück. Eine Fahrt von hier bis zu den Gletschern des Parks dokumentiert die Entwicklung der Vegetation.

Abschmelzende Gletscher lassen ein Gemenge aus Felsbrocken, Gesteinsschutt, Sand- und Tonpartikeln zurück. Diese Flächen werden bald von Algen, Flechten und Moosen besiedelt. Sie bilden ein Substrat, das Feuchtigkeit, Nährstoffe und heranwehende Samen festhält. Zu den Pionierpflanzen gehört »Drummond Mountain Avens«, eine im Juni bis Anfang Juli gelb blühende Silberwurzart, die die kargen Flächen wie ein dichter Teppich überzieht. Sie ist nicht auf den Stickstoff angewiesen, der noch kaum im Boden vorhanden ist, sondern profitiert von Bakterien, die in sogenannten Wurzelknöllchen den wichtigen Nährstoff direkt aus der Luft holen. Aber auch Samen von Weidenröschen, Sitkaerlen und Weiden keimen bald aus. Nach 25 Jahren ist ein undurchdringliches Dickicht aus Erlen und Weiden entstanden. Besonders Erlen spielen eine wichtige Rolle, weil sie ebenfalls mit Hilfe von Bakterien Stickstoff aus der Luft erhalten und den Boden mit dem lebenswichtigen Nährstoff anreichern.

Auf dem angereicherten Boden können jetzt »Black Cottonwood«-Pappeln und Sitkafichten Fuß fassen. Nach 50 Jahren überragen sie das Erlen-Weiden-Dickicht und nach 100 Jahren steht ein Wald aus Pappeln und Sitkafichten, der schließlich innerhalb weiterer 100 Jahre in den von Sitkafichte und Westamerikanischer Hemlocktanne dominierten Regenwald übergeht. Solch junger Regenwald findet sich am Parkeingang in Bartlett Cove. Der Boden wird hier von einer dicken Moosschicht bedeckt. An kahlen Ästen hängen Bartflechten. Als Unterwuchs wachsen Farne und Bärlapp sowie zahlreiche Sträucher und krautige Pflanzen, die im August und September Früchte in allen Rottönen – von hell- bis schwarzrot – ausbilden: Kanadischer Hartriegel (S. 77); »Trailing Rhaspbeery« (S. 52), eine kriechende Brombeerart (blüht Ende Mai/Juni); »Nagoonberry« (blüht Juni/Juli); Knotenfuß (S. 83), ein Liliengewächs; »Devil's Club« (S. 60) und das giftige Rote Christophkraut (S. 87). Hinzu kommen die Früchte von *Vaccinium*-Arten. Auf feuchtem, sumpfigen Untergrund steht »Wild Celery« eine Engelwurzart, die von Juli bis Mitte August blüht. Auf kleinen Teichen ragt die gelbe Blüte der Teichrose (S. 49) von Juli bis August über die Schwimmblätter.

Anders als bei den Pflanzen gibt es unter den Tieren keine ausgesprochenen Pionierarten. Am einfachsten war es für Fische, Meeressäuger und Vögel das neue Land zu besiedeln. Heute wandern bereits Blaurückenlachs, Buckellachs, Kisutsch-

Gänsesäger tauchen nach Fischen, Wasserinsekten und Krebsen.

Ein Ziel für Besichtigungsschiffe: das Tarr Inlet mit seinen steilen Felswänden und 2 Küstengletschern.

Lachs und Keta-Lachs im Gebiet der Glacier Bay flußaufwärts, um zu laichen. Im Fjord schwimmen Heringsschwärme und Pazifischer Heilbutt. 4 Walarten sind häufig in den Gewässern anzutreffen: Buckel-, Schwert- (S. 62), Zwerg- und Schweinswal. Besonders einige Buckelwale verbringen den ganzen Sommer in der Glacier Bay. Stellers Seelöwen (S. 69) liegen auf nackten Felsinseln und Seehunde gebären auf schwimmendem Eis. Vor den Gletschern treiben von Mai bis August Eisschollen, auf denen Seehunde mit ihrem Nachwuchs liegen. Der Vorteil: So nahe an die Gletscher dringt nicht der schlimmste Feind der Seehunde vor – der Schwertwal. Biologen nehmen an, daß diese Verhaltensweise, die auch anderswo an der Küste beobachtet werden kann, in der Glacier Bay ihren Ursprung hat.

Über 200 Vogelarten brüten in der Glacier Bay oder benutzen sie zur Rast auf ihren

In Südostalaska bringt »Nagoonberry« im August wohlschmeckende rote Beeren hervor.

Zugvogelfluglinien. Erstaunlich ist vor allen Dingen die Vielfalt an Entenvögeln, von denen viele im Sommer mit großer Wahrscheinlichkeit beobachtet werden können: Krickente (S. 56), Stockente, Spießente (S. 80), Kragenente, Brillenente, Samtente, Spatelente und Gänsesäger. Die Kragenente (S. 22), wegen ihrer bunten Zeichnung auch als »Harlekin« bezeichnet, kommt sehr gut in starken Strömungen zurecht. Im Sommer zählen Wasserinsekten zu ihrer Hauptnahrung. Ab Mitte Juli und

Aus dem Waldboden sprießt Bärlapp. Diese Sporenpflanzen ähneln auf den ersten Blick Moosen.

Buckelwale – Wanderer im Ozean

Wer großes Glück hat, kann Zeuge eines faszinierenden Schauspiels werden, wenn der Buckelwal »Luftsprünge« macht. Dann schrauben sich bis zu 30 Tonnen schwere und 15 m lange Körper aus dem Ozean und fallen laut krachend auf die Wasseroberfläche zurück. Ob diese akrobatische Vorstellung der Kommunikation dient, der Wal auf diese Weise Parasiten auf seiner Haut los wird oder ein purer Akt der Lebensfreude ist, bleibt ein Geheimnis.

Buckelwale erreichen Alaska zwischen Mitte Juni und Ende Juli, nachdem sie etwa 4000 km zurückgelegt haben von ihren Überwinterungsgebieten um Hawaii. Dort bringen sie auch ihre Kälber zur Welt. In den nahrungsreichen Küstengewässern Alaskas leben die Wale in kleinen Gruppen. Hier legen sie dann innerhalb der nächsten 3–4 Monate eine dicke Fettschicht an, bevor sie wieder in wärmere Gewässer zum Überwintern zurückkehren. Sie verschlingen Unmengen von kleinen Krebsen und Fischen – täglich etwa 1 Tonne. Dabei öffnen sie das Maul gleich riesigen Baggerschaufeln in einen Winkel von fast 90°, nehmen etwa 650 l Wasser auf, das sie durch einen Filter wieder hinauspressen. Zurück bleiben die Meerestiere. Der Filter besteht aus feinen Hornplatten (Barten), die vom Gaumen des Oberkiefers herabhängen. Wale, die anstelle von Zähnen über solch ein Filtersystem verfügen, gehören zu den Bartenwalen.

Damit sie möglichst viele kleine Fische verschlucken können, haben die Buckelwale eine besondere Fangtechnik entwikkelt. Um einen Fischschwarm produzieren sie ein Netz aus Luftblasen, das die Fische für ein Hindernis halten. Mehrere Wale kooperieren bei so einem Fischzug miteinander.

Der Buckelwal ist eine gefährdete Art. Schätzungen über die Größe seines Bestandes im Nordpazifik belaufen sich auf unter 2000 und in Südostalaska auf 350–450 Tiere. Das sind nur noch 8–13 Prozent der Anzahl, die vor Beginn des kommerziellen Walfangs existierte. In einzelnen Regionen gab es über die Jahre erhebliche Schwankungen der Individuenzahl. Die Gründe dafür sind ungewiß. So blieben 1978 in der Glacier Bay plötzlich die meisten Buckelwale aus. Im Verdacht standen der Motorenlärm des zunehmenden Schiffsverkehrs sowie Walbeobachtungsboote, die die Meeresriesen über weite Strecken verfolgten, um nahe genug heranzukommen, und so die Tiere bei der Nahrungsaufnahme störten. Inzwischen hat die Parkverwaltung Bootsverkehr und »Whale Watching« reduziert. Wale dürfen nicht mehr verfolgt werden, und die Kapitäne der Beobachtungschiffe müssen ihre Dieselmaschienen in gebührendem Abstand von den Walen abschalten. Mitte der achtziger Jahre kehrten die großen Meeresäuger dann in die Glacier Bay zurück.

den ganzen August schnattern an abgelegenen Fjordarmen Tausende Vancouver-Kanadagänse.

Im Winter findet sich der Ohrentaucher ein, und im Frühjahr und Herbst tauchen Stern- und Eistaucher (S. 80) bis 80 m tief nach kleinen Fischen. Im August versammeln sich viele Odinshühnchen auf dem Wasser. An den Stränden stochern Braunmantel-Austernfischer nach Muscheln und Schnecken, oder Große Gelbschenkel suchen nach Nahrung. Weißkopfseeadler (S. 51) sind meist am Ufer zu sehen, wenn sie hoch oben auf einer Sitkafichte ihr Revier beobachten. Von den Seevögeln brüten u.a. im Park: Sturmmöwe, Beringmöwe (S. 58), Dreizehenmöwe (S. 66), Küstenseeschwalbe (S. 22), Trottellume (S. 72), Taubenteiste (S. 68), Hornlund (S. 67), Gelbschopflund (S. 67) und Meerscharbe. Dagegen hat man von dem Marmelalk, obwohl sehr häufig, bisher kein Nest gefunden.

Schwerer war es für die Landsäugetiere die neuen eisfreien Regionen zu besiedeln. Sie mußten erst Pässe und Eisflächen überwinden, um in die Glacier Bay zu gelangen. Die ersten waren Braunbär (S. 92),

Schwarzbär, Schneeziege (S. 121; Gebirgsregionen), Hermelin, Nordische Wühlmaus, Langschwanzwühlmaus und Spitzmäuse (»Wandering Shrew«, »Masked Shrew«). Viel später breiteten sich dann Elch (S. 108), Wolf (S. 127), Kojote, Vielfraß (S. 148), Fichtenmarder, Nordamerikanischer Baumstachler (S. 142), Nordamerikanischer Fischotter (S. 79) und Rothörnchen (S. 96) in der Glacier Bay aus.
Dagegen sind Arten wie Schwarzschwanz-Maultierhirsch (S. 54) und Rotfuchs nach wie vor kaum anzutreffen oder Kanadaluchs (S. 106), kanadischer Biber (S. 80) und Schneeschuhhase (S. 104) fast nur im Flußdelta des Alseks.
Äußerst selten ist heute auch eine Varietät des Schwarzbären – der Gletscherbär. Sein Fell besitzt eine bläuliche bis graue Färbung. Biologen glauben, daß sich diese Rasse in isolierten, auch während der Eiszeit eisfreien Refugien entwickelt hat. Seit der gewöhnliche Schwarzbär zu solchen Gebieten wieder Zugang hat, vermischt sich der Gletscherbär mit den Neuankömmlingen und wird vermutlich bald völlig verschwunden sein. Eine sichere Chance, ihn zu Gesicht zu bekommen, hat man heute nur noch im Zoo von Anchorage oder im Museum und Flughafen von Juneau, wo er ausgestopft in einer Glasvitrine steht.

Im Gebiet unterwegs

Bei Bartlett Cove, dem Ausgangspunkt des Glacier-Bay-Nationalparks, werden die einzigen 2 Wanderwege unterhalten.
Wanderungen in anderen Teilen des Parks sind beschwerlich, erfordern viel Zeit und eine gute Kondition. Sie halten sich in der Wildnis auf und sind völlig auf sich gestellt. Wenn Sie über entsprechende Erfahrung verfügen, ist das Kajak das ideale Fortbewegungsmittel, um die Fjordarme zu erkunden. Die meisten Besucher ziehen aber die bequemste Art vor und bestaunen

Der seltene Gletscherbär, eine Varietät des Schwarzbären, hat ein graues bis graublaues Fell.

Seehunde gebären ihren Nachwuchs auf schwimmenden Eisschollen, die vor den Gletschern treiben.

die Eiswunder von einem der großen Ausflugsdampfer oder von dem Schiff, das jeden Morgen ab Bartlett Cove zu einer Rundtour durch den Park aufbricht. Ein Parkranger an Bord erklärt Fauna, Flora und Geologie der Bucht. Von diesem Schiff können sich Kajakfahrer, Wanderer und Camper an verschiedenen Stellen der Glacier Bay absetzen und wieder abholen lassen. Eine weitere Möglichkeit, um in abglegene Teile des Parks zu gelangen, ist das Wasserflugzeug.

In der Glacier Bay Lodge bei **Bartlett Cove** unterhält der National Park Service ein Besucherzentrum. Hier erhält man Informationen, Broschüren und Bücher über den Glacier-Bay-Nationalpark. Abends finden Diavorführungen statt. Außerdem befindet sich hier der Ausgangspunkt für die beiden Wanderwege und für von Parkbiologen geführte Touren.

Der **Forest Loop Trail** ① windet sich über 1,6 km durch jungen Regenwald aus Hemlocktannen und Sitkafichten. Ab August schießen jede Menge Pilze aus dem Boden. In der Regel brütet ein Kanadareiherpaar (S. 31) an einem der Süßwasserteiche (Blackwater Pond) im sumpfigen Gelände, das der Pfad auf Holzstegen überquert. Baumstachler, Rothörnchen, Felsengebirgshuhn (S. 32) und vielleicht auch mal einem Schwarzbären kann man hier genau-

Dicke Moosschichten bilden sich auf Ästen in dem feuchten Küstenklima des Glacier-Nationalparks.

so begegnen wie auf dem **Bartlett River Trail** ②. Dieser hin und zurück etwa 5 km lange und zum Teil etwas matschige Weg führt durch Regenwald zum Bartlett River. Lachse steigen dort im Spätsommer.

Gut geeignet für einen Spaziergang ist auch der **Strand** ③, an dem man vom Bootsanleger in Richtung Glacier-Bay-Mündung parallel zum Forest Trail entlanggehen kann, so weit man mag. Zwischen Wasser und Wald liegt ein aus Gräsern, Weidenröschen (S. 126), Schachtelhalmen und Bärenklau (S. 31) gebildeter Strandwiesengürtel, der zur Blütezeit des Weidenröschens rot leuchtet; dazwischen wachsen an einigen Stellen Stranderdbeeren. Am Waldrand sitzen oft Kolkraben oder ein Weißkopfseeadler auf einem Baum. Mitunter schwimmen einzelne Seehunde im Wasser. Setzt man die Wanderung etwa 10 km fort, erreicht man **Icy Strait** ④. In dieser Wasserstraße halten sich während des Sommers immer einige Buckelwale auf. Walbeobachtungstouren starten täglich von Gustavus in die Icy Strait.

Untere Bucht ⑤: Tritt man ab Bartlett Cove auf einem Schiff eine Rundtour durch die Glacier Bay an, fährt man zunächst etwa 40 km durch die bis 2 km breite untere Bucht. Das östliche Ufer von **Beartrack Cove** bis **Sandy Cove** ist besonders im Frühling und Anfang Sommer bekannt für seine Ansammlungen von Schwarzbären, die nach einem langen Winter dann auf Futtersuche sind. Deshalb könnte dieser Küstenstreifen für Kajakfahrer, die hier ihr Zelt aufschlagen wollen, zwischen Mitte Mai und Mitte Juli gesperrt sein. Davor liegen die Inseln **North** und **South Marble** mit den größten Seevogelkolonien im Park. Auf den Felsen von South Marble Island ruhen meist Stellers Seelöwen. Am Ende der unteren Bucht auf dem Ostufer erhebt sich der 1564 m hohe **Mount Wright**. Er besitzt eine sehr große Population an Schneeziegen, die mit bloßem Auge vom Wasser aus nur als weiße Punkte im Berg auszumachen sind und erst mit einem Fernglas identifiziert werden können.

Muir Inlet ⑥: Die breite untere Bucht gabelt sich dann auf in Westarm und das rund 40 km lange Muir Inlet. Erlen und Weiden dominieren das Land um das Muir Inlet, obwohl in einigen Teilen bereits Nadelbäume vordringen. Beliebt bei Kajakfahrern ist ein schmaler östlicher Seitenarm des Muir Inlet, in den keine der großen Besichtigungsdampfer vordringen: **Adams Inlet** ⑦. Dieser ruhige Seitenarm bietet

Wildreichtum. Am Ufer begegnet man vielleicht einem Elch oder einem Wolf. Auf dem Wasser schwimmen Schwärme von Entenvögeln (u.a. Kanadagans, Kragenente, Samtente, Brillenente, Säger). Allerdings sollten, um Hunderte von Vancouver-Kanadagänse nicht aufzuschrecken, große Abstände (ca. 1 km) eingehalten werden. Von Adams Inlet das Muir Inlet 12 km weiter hinauf, kann man auf einer Wanderung an der Ostseite die **Überreste eines Waldes** ⑧ entdecken, der vor 7000 bis 4000 Jahren durch vorrückende Gletscher zerstört wurde. Gegenüber auf der Westseite mündet **Wachusett Inlet** ⑨, ein 20 km langer Seitenarm, den erst der seit 1929 stark zurückweichende **Carroll-Gletscher** geschaffen hat. Das Ende des Muir Inlet bildet der kalbende Muir-Gletscher, vor dem auf treibenden Eisschollen das Heulen von Seehunden ertönt.

Westarm ⑩: Der Westarm schneidet sich auf einer Länge von über 60 km in die felsige Landschaft. Er hat die meisten kalbenden Gletscher und die höchsten Berge zu bieten. Klares Wetter erlaubt den Blick auf den schneebedeckten Gipfel des **Mt. Fairweather**, dem mit 4670 m höchstem Berg der **Fairweather-Kette**. Im oberen Westarm auf der Westseite liegt zunächst das **Hugh Miller Inlet** ⑪. Es ist wegen seiner geschützten Lage ideal für Kajakfahrer und in einigen Buchten reich an Entenvögeln. Fährt man weiter den Westarm hinauf, trifft man auf die ersten kalbenden Küstengletscher **Reid** und **Lamplugh**, beides Ausläufer des riesigen **Brady-Eisfeldes**. Der obere Westarm gabelt sich dann in **Johns Hopkins Inlet** ⑫ und **Tarr Inlet** ⑬. Mit diesen beiden Fjordarmen, eingeschlossen von steilen Felswänden und hohen Bergen, erlebt man die eindrucksvollste Konzentration an Küstengletschern im Nationalpark. Im Tarr Inlet kalben **Grand**

Erlen – wichtige Pionierpflanzen – erhalten mit Hilfe von Bakterien den notwendigen Stickstoff aus der Luft.

Pacific und **Margerie**, und auf der 16 km langen Strecke des Johns Hopkins Inlet – zwischen Lamplugh und **Johns-Hopkins-Gletscher** – stürzen weitere Gletscher die Fjordwände hinunter. Auf den schwimmenden Eisschollen in Tarr und Johns Hopkins Inlet treiben Seehunde. Besonders auf den Eisbergen des Johns Hopkins Inlet werden im Sommer Tausende von Seehunden geboren. Um die Tiere vor Störungen zu bewahren, ist der Fjord in der Regel im Mai und Juni für alle Schiffe einschließlich Kajaks gesperrt.

Für sogenannte »Float Trips«, Fahrten mit dem Schlauchboot flußabwärts durch wilde und ruhige Wasserpassagen eignet sich der **Alsek River** am äußersten Nordrand des Parks.

Gestartet wird bei Dalton Post am Alaska Highway nicht weit von Haines Junction. Hier geht es zunächst den kanadischen Kluane Nationalpark entlang und durch den erst 1993 gegründeten Tatshenshini-Alsek Wilderness Park.

Noch in Kanada mündet der Tatshenshini in den Alsek, dessen Wassermassen jetzt dreimal so schnell durch die Schluchten stürzen wie der Colorado im Grand Canyon. Der ganze »Float Trip« bis in die

Dry Bay dauert etwa eine Woche und geht über 200 km vorbei an Gletschern und gewaltigen Gebirgszügen durch eines der schönsten Wildnisgebiete. Aber nur wer eine amtliche Erlaubnis (Permit) hat, darf dort in das Schlauchboot steigen. Dazu sollte man sich von der Parkverwaltung frühzeitig auf eine Warteliste setzen lassen. Mit Wartezeiten von 2 Jahren muß gerechnet werden.

Praktische Tips

Anreise

Der Nationalpark ist nur mit Flugzeug oder Schiff zu erreichen. Eine regelmäßige Flugverbindung existiert zwischen Juneau und Gustavus. Von dort mit dem Bus nach Bartlett Cove.

Klima/Reisezeit

Saison ist von Mitte Mai bis Mitte September. Mai und Juni haben den meisten Sonnenschein. Typisch sind aber graue, kühle Sommertage mit viel Regen, der im Laufe des Sommers immer reichhaltiger wird.

Unterkunft

Nur ein einfacher Campingplatz im Park bei Bartlett Cove mit vor Bären sicheren Aufbewahrungshütten für Vorräte und Aufwärmunterständen. Reservierung ist nicht möglich. Maximale Aufenthaltsdauer: 14 Tage. Duschmöglichkeit in der nahe liegenden Glacier Bay Lodge. Auch Zimmer können hier gemietet werden (Reservierung unbedingt erforderlich!). Weitere Übernachtungsmöglichkeiten gibt es in Gustavus.

»Backcountry«-Informationen

Camper und Kajakfahrer erhalten bei ihrer Ankunft vom National Park Service wichtige Informationen für ihren Aufenthalt in der Wildnis: u.a. über richtige Verhaltensweisen, damit keine Bärenprobleme entstehen, welche Teile des Parks zur Zeit zum Schutz der Tiere (brütende Vögel, junge Seehunde) oder Besucher (hohe Bärenkonzentration) geschlossen sind, über Gezeiten und Strömungen und an welchen Punkten Sie sich von einem Schiff absetzen lassen können. Kajakfahrer und Wanderer sollten ihre Routen zur eigenen Sicherheit mit einem Park Ranger besprechen. Kajaks können bei Glacier Bay Sea Kayaks gemietet werden (Reservierung unbedingt empfehlenswert).

Adressen

Glacier Bay National Park and Preserve

- P.O. Box 140, Gustavus, AK 99826-0140, Tel.: 907-697-2230 (Hauptstelle), 907-784-3295(Yakutat Ranger District), 907-784-3370 (Alsek River Hotline), 907-697-2654 (Fax); www.nps.gov/glba
- Glacier Bay Sea Kayaks, Box 26, Gustavus, AK 998266, Tel.: 907-697-2257
- Kluane National Park and Preserve, www.pc.gc.ca/pn-np/yt/kluane
- Tatshenshini-Alsek Park, www.env.gov.bc.ca/bcparks/explore/parkpgs/tatshen.htm

3 Admiralty Island National Monument Kootznoowoo Wilderness

Eine der dichtesten Braunbär- und Weißkopfseeadlerpopulationen der Erde; das größte zusammenhängende Gebiet mit altem Küstenregenwald in Südostalaska; viele Buckelwale im Seymour Canal.

1980 stellte der Amerikanische Kongreß fast ganz Admiralty Island – die 160 km lange und 3–35 km breite Insel in Sichtweite von Juneau – unter Schutz. Damit gelang es, ein großes Stück alten Küstenregenwalds (3875 km²) für die Zukunft zu bewahren, wie er sonst in Südostalaska in solcher Ausdehnung nicht mehr anzutreffen ist. Vorangegangen waren über Jahre heftige Auseinandersetzungen zwischen Bewahrern (u.a. Tlingit, Jäger, Naturschützer) und Entwicklern, die eine Infrastruktur aufbauen und den Wald nutzen, d.h. aus ihm Kleinholz machen wollten.

Admiralty Island gab es aber nicht schon immer an diesem Ort der Erdkugel. Es handelt sich vielmehr um ein Fragment kontinentaler Kruste, das vor 300–360 Mio. Jahren im äquatorialen Bereich des Pazifischen Ozeans entstanden war. Das Fragment, das Alexander-Terran, driftete dann nordostwärts, zu seinem heutigen Standort. Admiralty Island hat aber auch jüngeres Gestein, 70–95 Mio. Jahre alte Gesteinseinschlüsse, die Minerale wie Gold, Silber und Zink enthalten, oder Vulkangestein am südlichen Ende der Insel. Die Kräfte der Gletscher formten die jetzige Oberfläche von

Flußmündungen, Wattflächen und nebelverhangener Regenwald sind typisch für Admiralty wie hier am Pack Creek.

Bärin säugt ihren etwa 5 Monate alten Nachwuchs alle 2-3 Stunden.

Admiralty: breite U-förmige Täler. Während der Eiszeit war Admiralty zweigeteilt; entlang einer Linie zwischen Mitchell Bay und Mole Harbor trennte ein Meereskanal Nord- und Südteil der Insel. Salzwasser konnte hier vordringen, weil die Eismassen das Land in die Tiefe drückten.

Pflanzen und Tiere

Obwohl die ältesten Spuren menschlicher Anwesenheit 3500 Jahre zurückdatieren, war und ist Admiralty eine »Festung der Bären« (so lautet die Übersetzung von »Kootznoowoo«, wie die Tlingit-Indianer Admiralty Island nennen). Diese Charakterisierung ist treffend, kommen doch auf 260 km^2 100 Bären (S. 92) – eine der dichtesten Braunbärpopulationen der Erde. Für solch große gesunde Populationen innerhalb Südostalaskas spielt intakter Regenwald eine entscheidende Rolle, in dem sich Braunbären dort bevorzugt aufhalten. Der dichte Küstenregenwald wird von Westamerikanischer Hemlocktanne und Sitkafichte bestimmt. Hier wachsen viele Bäume die älter als 300 Jahre sind mit Stammdurchmessern bis zu 3 m. Im Unterholz finden sich u.a. Kanadischer Hartriegel (S. 32), »Devil's Club« (S. 60), die Orchidee Korallenwurz, das Wintergrünge-

Der Diademhäher läßt sich im Regenwald leicht durch seine auffällige Färbung ausmachen.

wächs Fichtenspargel, Traubenholunder (rote Beeren folgen den Blüten zwischen Juli und August), das übel riechende Aronstabgewächs »Yellow Skunk Cabbage« (im Frühjahr eine bevorzugte Bärenspeise), die am Boden kriechende Brombeerart »Trailing Raspbeery« (Blüte: Juni, Frucht: August) , die Johannisbeere »Stink Currant« (Blüte: Juni, Frucht: August) und Farne. Dicke Moosschichten bedecken Boden und niedergestürzte Bäume, Bartflechten hängen an den Ästen.

Obwohl kein ausschließlicher Bewohner des Regenwaldes, ist die Existenz des Schwarzschwanz-Maultierhirsches doch eng mit ihm verbunden. Denn im Winter bietet er dem Wild Schutz und Nahrung und damit ein ideales Rückzugsgebiet, um die kalte Jahreszeit zu überstehen. Vögeln wie Meisen, Townsendwaldsänger, Halsbanddrossel, Zaunkönig, Kanadakleiber, Diademhäher, Haarspecht, Habicht und Marmelalk schafft der Wald ideale Brutbedingungen. Im Gegensatz zu den meisten anderen Seevögeln brütet der Marmelalk nicht in Kolonien direkt am Wasser sondern fliegt zum Teil viele Kilometer landeinwärts, um sein Nest in einem der großen Bäume zu bauen. Diese sind so unscheinbar und gut im Moos knorriger Äste versteckt, daß ein Forschungssbericht von 1996 für ganz Südostalaska lediglich 6 gefundene Nester aufzählen konnte bei einem Bestand von 25 000 bis 40 000 dieser kleinen Seevögel. Weitere ständige Bewohner sind Fichtenmarder und Wiesel. Erstaunlicherweise fehlen aber 2 andere Raubtiere auf Admiralty Island: Schwarzbär und Wolf. Warum das so ist, wissen die Biologen nicht.

Am Rande des Regenwaldes entlang der Flußmündungen und der Küste haben Weißkopfseeadler auf hohen Bäumen ihre Horste. Der U.S. Fish and Wildlife Service hat 800 Horste gezählt. Es handelt sich damit um die dichteste Population brütender Weißkopfseeadler in Nordamerika. Ebenfalls am Rande von Flußmündungen und an der Küste brüten Vancouver-Kanadagänse. Die Nester liegen meist im Wald zwischen dichten Büschen. Die Vancouver-Kanadagans, eine Unterart der Kanadagans (S. 143), ist die größte in Alaska vorkommende Gans.

An den vielen Flüssen, in denen im Sommer die Lachse steigen, Seen und Teichen sind Kanadischer Biber (S. 80) und Nordamerikanischer Fischotter (S. 79) zu

Hahnenfuß ist auf Wiesen und entlang von Bachläufen anzutreffen.

Die gelbblühende Teichrose bedeckt die Wasserflächen vieler kleiner Seen und Teiche.

An lichten Stellen des Regenwaldes – durch gestürzte Bäume entstanden – wuchert dichte Strauchvegetation.

Hause. Als typische Pflanzen dieser Feuchtgebiete trifft man Fieberklee (weiße Blüten von Ende Mai bis Mitte Juni), Teichrose (S. 49), den Igelkolben »Northern Burreed«, Laichkräuter, Ähriges Tausendblatt, und die sehr giftige mit dem europäischen Wasserschierling verwandte Art »Water Hemlock« (blüht Juli/August). Entlang der Flußläufe blühen Dotterblume (Ende Mai bis Mitte Juni), Vergißmeinnicht, Gauklerblume (Juli/August) und Amerikanischer Ehrenpreis. Auf moorigem Untergrund sprießen Wollgräser (S. 152), Seggen, Preiselbeere (S. 18), Moosbeere, Sumpfporst (Blüte: Juni) und Gränke (Blüte: Mai/Juni). Auf den höher gelegenen subalpinen Wiesen äsen im Sommer Schwarzschwanz-Maultierhirsche.

In den Gewässern rund um Admiralty Island schwimmen Stellers Seelöwen (S. 69). Die Buchten besuchen Schwert- (S. 62) und Zergwal. Buckelwale (S. 40) tauchen in den Meeresarmen nach Nahrung. Auch Seeotter (S. 58), Seehunde (S. 43),

»Yellow Skunk Cabbage« verbreitet einen üblen Geruch. Bären verspeisen die Pflanzen mit Wohlbehagen.

Der Weißkopfseeadler

Von 1917–1952 zahlte die Regierung der USA für jeden erlegten Weißkopfseeadler eine Prämie. Zuletzt brachte der Wappenvogel in Alaska 2 Dollar. Mehr als 100 000 Weißkopfseeadler fielen diesem Prämiensystem im nördlichsten Bundesstaat zum Opfer. Der Grund für den Ausrottungsfeldzug: Fischer sahen in dem großen Raubvogel einen Nahrungskonkurrenten. Farmer machten ihn für den Tod von Schweinen und Schafen verantwortlich, auf deren Kadaver sie ihn manchmal sitzen sahen.

Seitdem der Weißkopfseeadler in den USA zu den bedrohten Tierarten gehört und nur noch Alaska große Populationen besitzt, steht er unter strengem Schutz. Wer einen Adler tötet oder im Besitz irgendwelcher Teile dieses Greifvogels ist, muß mit einer hohen Geldstrafe und im Wiederholungsfall mit 2 Jahren Gefängnis rechnen. Aber heute bedrohen den Bestand eher andere Faktoren.

Um sich fortzupflanzen, benötigt der Weißkopfseeadler, der es auf eine Flügelspannweite von über 2 m bringt, ausreichend produktiven Lebensraum. In Südostalaska baut er sein Nest in die höchsten und stärksten Bäume entlang der Küstenlinie oder an Flüssen und Seen. Diese Bäume besitzen ein Durchschnittsalter von 400 Jahren und sind in der Lage, die schweren Nester aus Zweigen und anderem Pflanzenmaterial zu tragen. Denn Weißkopfseeadler – ein Paar bleibt lebenslang zusammen – fügen jedes Jahr eine neue Schicht auf das alte Nest, bis der Baum 1 Tonne und mehr aushalten muß (Rekord: 1,8 t). Solche Baumriesen gibt es zunehmend weniger. Da die Brutpaare ein großes Revier beanspruchen, liegen die Nester an der Küste 1,6–3,2 km auseinander. Auf Störungen während der Brutpflege reagieren Weißkopfseeadler sehr empfindlich. Fische wie Heringe und Lachse sind die Hauptnahrung, aber auch Enten, kleine Säugetiere und Kadaver werden nicht verschmäht.

Während des Winters sammeln sich die Adler in Gegenden, wo ausreichend Beute zur Verfügung steht (z. B. Lachse). Den Versammlungsrekord mit jährlich 3000 – 4000 Weißkopfseeadlern hält Chilkat Valley (s.S. 155).

Eine andere Gefahr geht von Pestiziden aus, die sich am Ende der Nahrungskette, über Fische, in den Greifvögeln anreichern. Solche Schadstoffrückstände haben eine dünnere Eischale und eine geringere Reproduktivität verursacht. In Eiern von Weißkopfseeadlerpopulationen außerhalb Alaskas wiesen Biologen mancherorts hohe Schadstoffkonzentrationen nach.

»Trailing Raspberry«, eine niedrige, am Waldboden entlangkriechende Brombeerart mit roten, eßbaren Früchten.

Im August hat die Johannisbeerart »Stink Currant« große blaue, aber widerlich schmeckende Beeren.

Traubenholunder (Fruchtkerne giftig!) wächst in der Küstenregion von Südostalaska bis zur Alaska-Halbinsel.

Admiralty Island
National Monument/
Kootznoowoo Wilderness
N
Juneau
Douglas Island
1
Young Bay
Admiralty Creek
2
Swan Cove
Pack Creek
Swan Island
Lake Kathleen
3
Ward Creek
Windfall Harbor
4
Symour Canal
Lake Florence
Fishery Creek
6
Glass Peninsula
Stephens Passage
Hasselborg Lake
Beaver Lake
Mole Harbor
5
Lake Alexander
Thayer Creek
Thayer Lake
Davidson Lake
Jims Lake
Salt Lake
Mitchell Bay
Angoon
Chatham Strait
Gambier Bay
Hood Bay
Pybus Bay
0
10
20
30 km

Für den Schwarzschwanz-Maultierhirsch stellt der Regenwald im Winter ein Rückzugsgebiet dar.

Nördliche Seebären (S. 110) und See-Elefanten wurden hier schon gesichtet.

Im Gebiet unterwegs

Im Admiralty Island National Monument gibt es weder Straßen noch unterhaltene Wanderwege, sondern nur pure Wildnis. Beliebt unter Naturfreunden und Anglern ist, sich einen Schlafplatz in einer der 15 einfachen Hütten des Forest Service zu mieten. 3 Hütten liegen an Meeresarmen, die übrigen an Seen oder entlang der **»Cross Admiralty Canoe Route«** ⑤. Sie sind entweder per Boot oder nur per Wasserflugzeug erreichbar. Die Hütten bieten die Möglichkeit, von einem festen Punkt aus die Wildnis kennenzulernen. Die meisten Besucher nehmen Juneau als Ausgangspunkt für einen Besuch im Schutzgebiet. Von hier aus kann ein Boot oder Flugzeug gechartert werden, das einen zum Zielort bringt.

Juneau am nächsten, direkt gegenüber Douglas Island liegt **Young Bay** ①, ein beliebter Ort für Einwohner Juneaus, um Bukkelwale zu beobachten, die sich hier häufig aufhalten. In die Bucht münden **Fowler** und **Admiralty Creek**, an deren Flußläufen im Sommer Bären Lachse fangen. In dieser Gegend stehen auch 3 Hütten, eine direkt an der Young Bay.

Die besten Bärenbeobachtungsmöglichkeiten hat man aber in der **Swan Cove** ②, am **Pack Creek** ③ und bei **Windfall Harbor** ④. An diesen Flußmündungen sammeln sich Bären im Juli und August, wenn Lachse die Flüsse hochsteigen. Dürfen Bären bei Swan Cove und Windfall Harbor erst seit 1984 zu keiner Jahreszeit mehr gejagt werden, so stehen die braunen Raubtiere bei Pack Creek seit 1935 unter Schutz. Für Pack Creek ist eine Genehmigung zur Bärenbeobachtung erforderlich. Pack Creek besitzt 2 Beobachtungspunkte: einen an der Mündung und einen Hochsitz, den man über einen etwa 1,5 km langen Weg durch alten Regenwald erreicht. Am Pack Creek sind auch Ranger anwesend, die jedem Ankömmling erklären, wie er sich im Bärengebiet zu verhalten hat. Alle 3 Flußmündungen erreicht man nur per Boot oder Wasserflugzeug. Viele Naturfreunde lassen sich morgens mit einem Flugzeug absetzen und abends wieder abholen. Besucher mit Boot haben die Möglichkeit, gegenüber von Pack Creek auf Windfall Island ihr Zelt aufzuschlagen. Der **Symour Canal** ⑥, in den der Pack Creek mündet, ist einer der besten Plätze, um Buckelwalen zuzusehen. Im Spätherbst halten sich dort 70 – 80 der großen Meeressäuger auf.

Wenn Wege und Straßen fehlen, nutzt man am besten Flüsse und Seen, um durch die Wildnis zu reisen – eine Möglichkeit, die die **Cross Admiralty Canoe Route** ⑤ bietet. Die Kanuroute verbindet Angoon (mit der Fähre erreichbar) mit Mole Harbor am Symour Canal. U.a. über Kootznahoo Inlet, Mitchell Bay und Hasselborg Creek sind über 50 km zu paddeln und Portagen (eine 5 km lang) zu überwinden. Informationen erteilt der Forest Service. Für 4 Dollar erhält man eine genaue Karte mit allen Details der Route.

Praktische Tips

Anreise

Im Sommer 2 Fähren in der Woche von Juneau und Sitka nach Angoon (Startpunkt für »Cross Admiralty Canoe Route«). In Angoon Chartern von Booten und Mieten von Kanus möglich. Sonst per Charterboot oder Lufttaxi von Juneau zum gewünschten Ziel.

Klima/Reisezeit

Maritimes Klima: kühle feuchte Sommer und milde nasse Winter.
Beste Reisezeit: Juni bis Oktober. Durchschnittstemperatur im Juli: 16 °C.
Höchste Temperatur: 25 °C.

Unterkunft

Keine Campingplätze. In Angoon 1 Motel (Reservierung).
Hütten des Forest Service.

Hütten (Cabins) des Forest Service

Die 15 Hütten verfügen über 4–6 Schlafplätze. Die maximale Aufenthaltsdauer beträgt im Sommer 7 Tage. Sie sollten frühzeitig buchen. Reservierungen sind 6 Monate im voraus direkt beim Forest Service möglich.

Genehmigung für Bärenbeobachtung

Eine Genehmigung ist für Pack Creek erforderlich und muß für den Zeitraum zwischen 1. Juni und 10. September rechtzeitig eingeholt werden (aber nicht vor dem 10. Februar/Poststempel; aktuelle Reservierungsbedingungen erfahren Sie beim Forest Service).

Adressen

- Admiralty National Monument, 8461 Old Dairy Road, Juneau, AK 99801-8041
  Tel.: 907-586-8790, Fax: 907-586-8795
  www.fs.fed.us/r10/tongass/districts/admiralty
  gorp.away.com/gorp/resource/us_wilderness_area/ak_admir.htm
- USDA Forest Service (Tongass National Forest)
  648 Mission Street, Federal Building, Ketchikan, AK 99901-6591
  Tel.: 907-225-3101, Fax: 907-228-6215
  www.fs.fed.us/r10/tongass/
- Hüttenreservierung:
  lokal Tel.: 1-877-444-6777
  international Tel.: 518-885-3639
  www.reserveusa.com

Prince William Sound; der 60 km lange Columbia-Gletscher; Seehunde, Seeotter und Stellers Seelöwen; über 300 km gut ausgebaute Wanderwege durch Wald, Wiesen und Tundra; das Copper-River-Delta passieren jedes Jahr Millionen von Wasservögeln.

Am 27. März 1964, einem Karfreitag, zerstörte ein Erdbeben die Hafenstadt Valdez und Straßen sowie Häuser in Anchorage. Es handelte sich mit dem Wert 8,4 auf der Richterskala um eines der stärksten bisher gemessenen Beben auf dem amerikanischen Kontinent. Der Boden hob sich an einigen Stellen um 11 m, an anderen sank er um 2 m ab. Das Epizentrum dieses mächtigen Bebens lag 64 km westlich von Valdez mitten im Chugach National Forest. Die Ursache sind die gleichen tektonischen Kräfte, die Alaska aus einem Puzzle von Krustenstücken – den Terranen – zusammengefügt haben (s.S. 11). Der Chugach National Forest setzt sich aus 2 Terranen zusammen: Chugach- und Prince-William-Terran.

Der Chugach National Forest (24 000 km²) ist etwas größer als die Hälfte der Schweiz und erstreckt sich von Osten nach Westen über das Flußdelta des Copper, den Prince William Sound und einen Teil der Kenai-Halbinsel. Im Norden begrenzt ihn Alaskas jüngstes Gebirge, die gletscherbedeckten Chugach-Berge, die entlang einer Subduktionszone hochgedrückt wurden. Hier entspringt der Columbia-Gletscher, mit über 60 km Länge der größte von den 20 Küstengletschern des Prince William Sound. 1741 segelte die russische Expedition unter Vitus Bering auch in den Sound, und Georg Steller besuchte die Inseln Kayak und Wingham, auf denen er Chugach, pazifische Eskimos, traf. Damals lebten etwa 1000 Chugach von der reichhaltigen Fauna der Fjorde.

Pflanzen und Tiere

Im Prinz William Sound gibt es typischen Küstenregenwald (s.S. 16) bis zur Baumgrenze, gefolgt von Dickichten, die u. a. Erlen und »Devil's Club« (Blüte: Juni, Beeren: August) enthalten. Teufelskeule ist die wörtliche Übersetzung von »Devil's Club«, dem einzigen Mitglied der Ginsengfamilie in Alaska. Die indianischen Einwohner Südostalaskas verwenden Saft und Extrakte schon seit alters her gegen verschiedene Krankheiten. Wer in so ein Dickicht gerät, weiß, daß der Name seine Berechtigung hat. Spitze lange Stacheln machen jedes Fortkommen zu einer schmerzhaften Angelegenheit. In höher gelegnen Gebieten breiten sich subalpine Wiesen aus, die schließlich in alpine Tundra (s.S. 17) übergehen. In den Wäldern (Fichten, Hemlocktannen, Birken und Espen) im westlichen Teil des Chugach National Forest auf der Kenai-Halbinsel sind viele Fichten Opfer des Borkenkäfers geworden. Die Folge: Bäume sterben ab, das tote Holz steigert die Gefahr von Waldbränden. Die Landschaft

Alaskas kleinste Entenart, die Krickente, brütet im Delta des Copper River. Abgebildet: Erpel.

Der Portage-See liegt nur 80 km von Anchorage entfernt. Vereinzelt schwimmende Eisberge stammen vom gleichnamigen Gletscher.

Seeotter wurden wegen ihres dichten Pelzes fast ausgerottet. Heute gibt es wieder große Populationen.

Die Beringmöwe ist im gesamten Golf von Alaska anzutreffen.

ist durchsetzt von Wiesen, auf denen u.a. Waldweidenröschen (S. 126), Lupine (S. 95), Bärenklau, die Akelei »Western Columbine« (Mitte Juni bis Juli), die Lilie »Chocolate Lily« (Mitte Juni bis Mitte Juli), Kuckucksblume (Ende Juni bis Anfang August), Sitkabaldrian (Juli, August), das Germergewächs »False Hellebore« (Juli/August), das Kreuzkrautgewächs »Triangular-leafed Fleabane« (Juli/August) und der Hahnenfuß »Western Buttercup« blühen. Fast alle Landsäugetiere Alaskas sind auf der Kenai-Halbinsel vertreten.

Das Flußdelta des Copper im Osten des Chugach National Forest stellt für Millionen von Vögeln einen idealen Lebensraum dar. Im Delta sammeln sich etwa 12 000 Dusky-Kanadagänse, eine Unterart, die nur hier ihre Nester hat. Außerdem brüten in diesem Gebiet etwa 10 Prozent der Trompeterschwan-Weltpopulation, mehrere Watvogelarten wie Drosseluferläufer, Wassertreter, Bekassine, Regenpfeifer und Gelbschenkel. Möwen und Küstenseeschwalben (S. 22) suchen nach Nahrung. Eine große Zahl an Entenarten wie Stockente, Spießente (S. 80), Pfeifente und Krickente schwimmen auf den Wasserflächen. Im Sommer fressen sich Weißkopfseeadler (S. 51), Braun- (S. 92) und Schwarzbären an den Lachsen satt. Kanadischer Biber (S. 80) und Nordamerikanischer Fischotter (S. 79) sind zahlreich vertreten, genauso wie Elche (S. 108), die in dem Delta angesiedelt wurden.

Der Prince William Sound bildet einen Lebensraum, in dem neben Kolonien von Küstenvögeln die großen marinen Säuger vorkommen. Von den Walen tifft man am häufigsten auf Schwertwale, die in Verbän-

Bojen, wie hier im Valdez-Arm, werden häufig von Seelöwen besetzt.

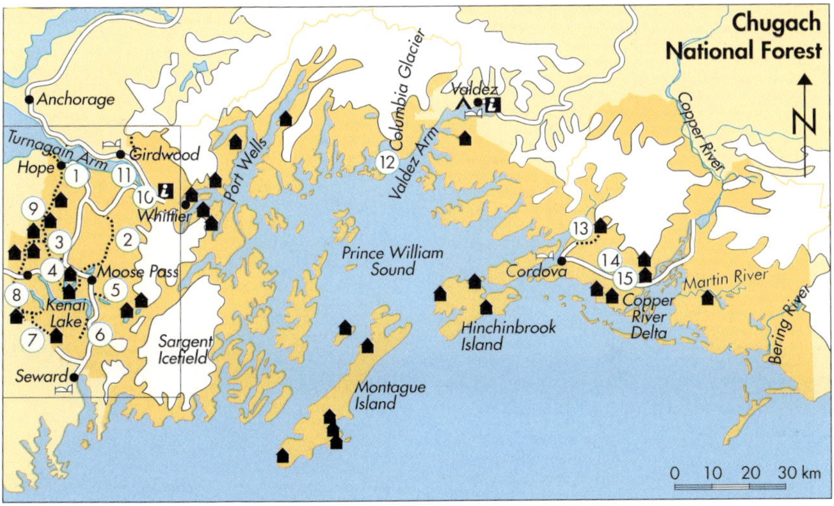

den während des ganzen Jahres im Sound leben. Sie lassen sich schon leicht an ihren bis 1,8 m hohen Rückenflossen identifizieren, die wie ein Schwert die Wasseroberfläche durchschneiden. Da sie in Rudeln andere marine Säugetiere (z. B. Seehunde) und Fische jagen, werden sie als Wölfe des Meeres bezeichnet. Es gibt Berichte, nach denen sie sogar große Walarten angreifen. Außerdem kommen im Prince William Sound eine Population von rund 70 Bukkelwalen (S. 40), Stellers Seelöwen (S. 69), Seehunde (S. 43) sowie Seeotter vor. Die Seeotter liegen meistens auf dem Rücken im Wasser. Gelegentlich tragen sie einen Stein auf dem Bauch, gegen den sie Muscheln schlagen, um sie zu öffnen. Auf dem Bauch der Mutter liegt auch der Nachwuchs. Angler und eine Fischindustrie profitieren von dem Fisch-, insbesondere vom Lachsreichtum des Sounds. Allerdings ereignete sich 1989 für diesen Lebensraum eine Katastrophe, als aus dem Tanker »Exxon Valdez« 42 Mio. Liter Rohöl in den Prince William Sound flossen. Tausende verölte Seeotter und Vögel wurden verendet an den Stränden gefunden. Eine über 3 Jahre dauernde Aktion reinigte ölverseuchte Küstenabschnitte. Trotzdem

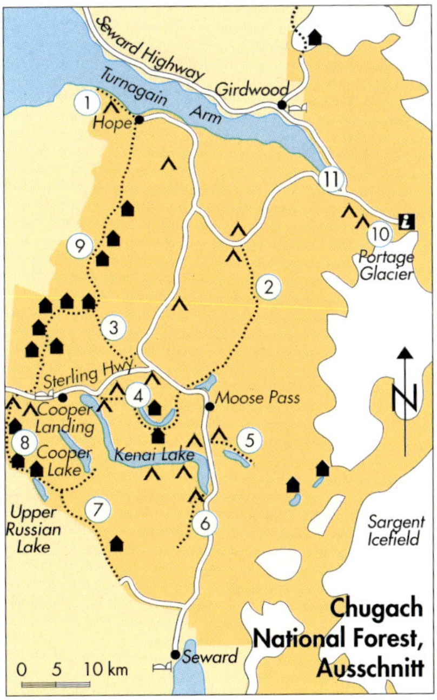

Blick vom Seward Highway südlich von Portage auf die Chugach-Berge. Als indirekte Folge eines Erdbebens sind die Bäume links abgestorben.

konnten nicht mehr als 8,5 Prozent des ausgelaufenen Öls geborgen werden. Ein Teil ist verdunstet oder haben Wind und Wellen verdriftet (z. B. nach Kodiak). Der Rest, eine eingedickte Masse, liegt auf dem Meeresgrund.

Von hier aus sickerten aber weiter giftige Kohlenwasserstoffe in die Nahrungskette. Schätzungen zufolge sollen dem Öl u.a. etwa 250 000 Vögel, 2 800 Seeotter und 22 Schwertwale zum Opfer gefallen sein.

Im Gebiet unterwegs

Der Chugach National Forest besitzt mehr als 300 km gut ausgebauter und markierter Wanderwege. Die meisten Wege liegen auf der **Kenai-Halbinsel** und können von Anchorage über den Seward Highway erreicht werden. Alle Straßenmeilen sind als Entfernung von Anchorage (A) als auch von Seward (S) angegeben. Auf den Wanderungen sind immer Begegnungen mit Braun- oder Schwarzbären, Elchen oder an Berghängen mit Dallschafen (S. 116) und Schneeziegen (S. 121) möglich. Bei Meile A 48,1/S 78,9 zweigt eine Straße zum **Portage-Gletscher** ⑩ und nach Whittier (18 km) an den Prince William Sound ab, der im **Portage-See** Eisberge produziert. Ein Besucherzentrum informiert über seine Naturgeschichte, 3 kurze Wanderwege (etwa 0,5–1,5 km) führen in die Vegetation der Umgebung.

Dickichte aus »Devil's Club« machen jede Wanderung zur Tortur.

Noch bis in die achtziger Jahre konnte der Portage-Gletscher vom Besucherzentrum aus bestaunt werden. Inzwischen hat er sich hinter eine Krümmung des Sees zurückgezogen. Wer ihn zu Gesicht bekommen möchte, muß deshalb erst etwa 5 km auf dem dort verkehrenden Tourenboot zurücklegen, das aber dafür direkt an den aus dem See ragenden Eiswänden entlanggleitet.

Seit dem Jahr 2000 können Sie auf der Portage Glacier Access Road mit dem Auto bis nach Whittier an den Prince William Sound fahren. Zugang ermöglicht ein einspuriger Tunnel durch die Chugach Mountains, der auch von der aus Anchorage kommenden Eisenbahn benutzt wird. Von Whittier bieten verschiedene Veranstalter auf Tourenbooten Tagesausflüge in den Prince William Sound oder auch mehrtägige geführte Paddelabenteuer an.

Einen Stopp wert ist auch das **Alaska Wildlife Conservation Center** ⑪ kurz vor der Abzweigung zum Portage-Gletscher bei Meile A 48/S 79. In diesem Tierpark, in dem verletzte Tiere sowie aufgefundene verlassene Jungtiere wieder aufgepäppelt werden, gibt es u.a. Moschusochsen, Karibus, Elche, Maultierhirsche und Bären zu sehen.

Bei Meile A 70,7/S 56,3 zweigt eine Straße in Richtung Hope ab. Am Ende des Highways am Porcupine-Campingplatz beginnt der **Gull Rock Trail** ①. Der einfache Weg (Länge: 8 km, Dauer: hin und zurück ca. 6 h) führt durch Wald-und Strauchvegetation am **Turnagain-Arm** entlang mit schönen Ausblicken auf den Meeresarm, in dem sich regelmäßig Weißwale aufhalten. An klaren Tagen ist **Mt. McKinley** sichtbar.

Die Akelei »Western Columbine« hat von Mitte Juni bis Juli prächtige Blüten.

»Chocolate Lily« – eine typische Wiesenpflanze – blüht von Mitte Juni bis Mitte Juli.

Große Gelbschenkel brüten in den Feuchtgebieten entlang der Küste – von Südostalaska bis zum Yukon-Delta.

Das Delta des Copper River ist einer der besten Plätze in Alaska, um Trompeterschwäne zu beobachten.

Fährt man den Seward Highway bis Meile A 63,3/S 63,7 gelangt man zum **Johnson Pass Trail** ② (Länge: 37 km, Dauer: 2 Tage). Die Strecke geht durch alpine Tundra an den Seen **Bench** (Arktische Äsche) und Johnson (Regenbogenforelle) vorbei und stößt wieder auf den Seward Highway (Meile A 94,4/S 32,6). Beide Seen bieten gute Angelmöglichkeiten. Der **Devil's Pass Trail** ③ (Länge: 16 km, Dauer: 5–6 h) steigt bei Meile A 87,5/S 39,5 von Nadel- über Fichten-/Birkenwald zu Tundravegetation bis zum 732 m hohen **Devil's Pass**. Er endet am Ressurection Pass Trail. Tote Fichten sind das Opfer des Borkenkäfers.

Den **Crescent Creek Trail** ④ (Länge: 10,5 km, Dauer: 3–4 h) erreicht man vom Sterling Highway (Meile A 97,9/S 44,9) über die Quartz Creek Road etwa 4 km hinter dem Quartz-Creek-Campingplatz. Der Weg windet sich am **Crescent Creek** entlang und passiert Birken-/Espen- sowie Nadelwald, durchbrochen von Wiesenvegetation. Am Ende des Wanderweges am **Crescent-See** (gute Angelmöglichkeiten für Arktische Äsche) befindet sich eine öffentliche Hütte (Reservierung). Ein nicht so gut präparierter Pfad schlängelt sich etwa 7 km um den See zu einer zweiten Hütte und dann noch 6,5 km weiter zum **Carter-See**. Von hier führt ein Weg **(Carter Lake Trail)** 5 km durch subalpine Vegetation und Hemlocktannenwald auf den Seward Highway (Meile A 93,9/S 33,1).

Der Anfang des **Ptarmigan Creek Trail** ⑤ (Länge: 12 km, Dauer: 4 h) liegt am Seward Highway bei Meile A 103,9/S 50,9 am Campingplatz. Durch Fichtenwald und an Wiesen vorbei führt der Weg den **Ptarmigan Creek** entlang bis zum **Ptarmigan-See**. Gute Chance, Schneeziegen und Dallschafe an umliegenden Berghängen zu beobachten. Etwas weiter (Meile A 110/S 57) am Primerose- Campingplatz beginnt **Primerose Trail** ⑥ (Länge: 13 km, Dauer: 4 h). Der Weg folgt einer alten »Straße« zur Primerose-Mine. Die erste Hälfte des Wanderweges geht durch dichten Fichtenwald, der zweite Teil steigt bis zur Baumgrenze mit guten Ausblicken auf die Bergwelt und erreicht schließlich **Lost Lake**.

Zu den wohl beliebtesten Wanderrouten in Alaska gehört die 120 km lange Verbindung zwischen Seward und Hope. Sie setzt sich aus **Resurrection River Trail** ⑦ (Länge: 25 km, Dauer: 8 h), **Russian Lakes Trail** ⑧ (Länge: 34 km, Dauer: 2 Tage) und **Resurrection Pass Trail** ⑨ (Länge: 62 km,

Charakteristisches Erkennungsmerkmal des Schwertwals: die Rückenflosse. Sie ragt fast 2 m in die Höhe.

Der Highway am Portage-See führt direkt nach Whittier.

Dauer: 3 Tage) zusammen. Die Pfade stammen zum Teil noch aus alten Goldsuchertagen. Insgesamt 13 Hütten bieten Übernachtungsmöglichkeiten (Reservierung!).

Den **Resurrection River Trail** ⑦ erreicht man nach 13 km auf der Exit Glacier Road, die vom Seward Highway (Meile A 123,3/S 3,7) abzweigt. Parallel zum **Resurrection River** windet sich der Weg eine weite Strecke durch dichten Fichtenwald. Er stößt schließlich direkt auf den **Russian Lakes Trail** ⑧, der am **Cooper-See** beginnt. Zum Cooper-See kommt man vom Sterling Highway (Meile A 100,9/S 47,9) über Snug Harbor Road und Cooper Lake Road. Der Weg führt zum **Upper Russian Lake** und dann dem **Russian River** folgend am **Lower Russian Lake** vorbei. Er endet schließlich am Russian-River Campingplatz (Sterling Highway Meile A 105,6/S 52,6). Entlang der ganzen Strecke gibt es vorzügliche Angelmöglichkeiten. Besonders während der Lachszeit wird der Russian River von Anglern okkupiert. Nicht weit entfernt (Meile A 106,2/S 53,2) kann man die Wanderung bis nach Hope auf dem **Resurrection Pass Trail** ⑨ fortsetzen. Er passiert Wälder aus Fichten und Espen und klettert in alpine Tundra auf den **Resurrection Pass** (792 m).

Im **Prince William Sound** geht man am besten mit einem Boot auf Entdeckungsreise. 5600 km Küstenlinie bieten unerschöpfliche Möglichkeiten. Aber auch Tagesausflüge mit einem Tourenboot von Whittier oder Valdez hinterlassen bleibende Eindrücke. Startet man von Valdez zum **Columbia-Gletscher** ⑫ können mit Sicherheit Stellers Seelöwen, Seehunde, Seeotter und Weißkopfseeadler beobachtet werden, mit

Wegen unberechenbarer Strömungen und eines großen Tidehubs ist Kitesurfen auf dem Turnagain-Arm nur etwas für Spezialisten.

Autofähren verbinden Whittier mit Valdez und Cordova.

etwas Glück vielleicht auch Schwert- oder Buckelwale. Der Columbia-Gletscher kündigt sich schon Kilometer vorher durch Eisschollen und -berge an. Dieser größte Küstengletscher im Sound ist seit 1983 auf einem dramatischen Rückzug: im Durchschnitt 0,8 km pro Jahr.

Cordova ist der Ausgangspunkt des 77 km langen Copper River Highways, der am Flußdelta entlang bis zum **Miles-See** führt. Von der Straße kann man häufig Elche, Biber oder auch Bären und eine Vielzahl von Vögeln sehen. Eine schöne Aussicht bietet der **Power Creek Trail** ⑬ (Länge: 4 km, Dauer: hin und zurück 3–4 h). Man erreicht ihn von Cordova über die Power Creek Road, an deren Ende der Wanderweg liegt. Bei Meile 21,4 des Copper River Highways beginnt der **Pipeline Lakes Trail** ⑭ (Länge: 3 km, Dauer: hin und zurück 2 h). Er führt durch mooriges Gebiet mit zahlreichen Tümpeln bis zum **McKinley Lake Trail** ⑮ (Länge: 3,4 km, Dauer: hin und zurück 2 h). Dieser Wanderweg durchquert Regenwald zum fischreichen **McKinley-See** (im Sommer Lachse). Am See brüten Trompeterschwäne und Dusky-Kanadagänse. 2 Hütten – am Anfang des Weges und am Ende des Sees – liegen auf der Strecke.

Praktische Tips

Anreise

Von Anchorage auf Seward Highway in Richtung Kenai-Halbinsel (nach Seward 204 km, nach Portage 75 km). Von Anchorage nach Valdez über Glenn und Richardson Highway (489 km). Eisenbahnverbindung im Sommer zwischen Anchorage und Seward. Regelmäßige Fährverbindungen zwischen Cordova, Valdez, Whittier und Seward. Regelmäßige Fluglinien von Anchorage nach Valdez und Cordova.

Klima/Reisezeit

Beste Reisezeit: Juni bis September. Der größte Teil des Chugach National Forest hat typisches maritimes Klima mit kalten, niederschlagsreichen Sommern und milden, niederschlagsreichen Wintern.

Unterkunft

Zum Chugach National Forest gehören 41 Hütten sowie 15 Campingplätze auf der Kenai-Halbinsel. Orte wie Seward, Valdez und Cordova haben Hotels.

Hütten (Cabins)

Müssen in der Hauptreisezeit unbedingt reserviert werden. Reservierung 6 Monate im voraus möglich. Maximaler Aufenthalt: 3–7 Tage. Aktuelle Bedingungen und Preise werden auf Anforderung zugeschickt.

Adressen

- Chugach National Forest, 3301 C Street, Suite 300, Anchorage, AK 99503-3998, Tel.: 907-743-9500, Fax: 907-743-9476; www.fs.fed.us/r10/chugach
- Hüttenreservierung: lokal Tel.: 1-877-444-6777, international Tel.: 518-885-3639 www.reserveusa.com

Harding-Eisfeld; Fjordlandschaft mit Küstengletscher; Vogelbrutkolonien an steilen Felsklippen, farbenprächtige Hornlunde; Marine Säugetiere: Stellers Seelöwen, Seehunde und Seeotter.

Wie ein Meer aus Eis liegt das Harding-Eisfeld (fast 60 km lang und mehr als 30 km breit) auf den Kenai-Bergen. Nur die Gipfel des Gebirges ragen als einsame Inseln aus der ebenen weißen Fläche, die die Fjordküste von dem Rest der Kenai-Halbinsel abschirmt. »Nunataks« nennen die Eskimos solche Gipfel. Das weiße Meer speist heute über 30 Gletscher, von denen einige dieser »Flüsse aus Eis« direkt in den Fjorden enden. Die Gletscher haben über Jahrtausende in das Kenai-Gebirge tiefe Täler geschliffen, die jetzt mit Meereswasser gefüllt Fjorde bilden.

Aber noch ein zweiter Prozeß gestaltet die Landschaft: Durch die Kollision zweier Krustenplatten an dieser Stelle wird die Fjordküste (ein Teil des Chugach-Terran) in die Tiefe gedrückt. Allein während des Erdbebens am Karfreitag 1964 sank die Küste um etwa 2 m. Seit 1980 steht die Fjordlandschaft als Nationalpark (2380 km^2) unter Schutz.

Pflanzen und Tiere

Da die Felsen sehr steil ins Meer fallen, findet sich zum Teil nur ein recht schmaler Vegetationsgürtel an der Küste. Es handelt sich um typischen Küstenregenwald aus Sitkafichten und Hemlocktannen. Sie

An steilen Klippen im Kenai-Fjords-Nationalpark brüten Dreizehenmöwen.

Bizarr zerklüftete Felsen kennzeichnen die Fjordküste des Nationalparks. Hier: Three Hole Bay.

Gelbschopflund.

Hornlund.

Typische Vegetation an steinigen Stränden: Rosenwurz und die Fingerkrautart *Potentilla villosa* blühen im Juni.

sind die letzten, die hier Fuß gefaßt haben, nachdem zurückweichende Gletscher nur nackte Geröll- und Schuttmassen zurückgelassen hatten. Auch die Landsäuger haben den Nationalpark längst erobert. Die Niederungen durchstreifen u.a. Elch (S. 108), Schwarz- und Braunbär (S. 92) sowie Rotfuchs. Schneeziegen (S. 121) klettern hoch oben an Hängen entlang.

Die meisten Besucher kommen aber wegen der marinen Säugetiere und den Tau-

Taubenteisten bewohnen den unteren Teil der Vogelfelsen. Nur selten treten sie in großen Kolonien auf.

Stellers Seelöwe

Für die Aleuten waren diese Ohrenrobben die wichtigsten Tiere. Sie dienten nicht nur als Nahrungsquelle, sondern die massigen Robben lieferten Öl (»Blubber«, dikke Fettgewebsschicht unter der Haut), Werkzeuge (Knochen), Angelhaken (Zähne), Behälter (Magen), Leinen zum Fischfang (Sehnen), Schuhsohlen (Flossen) und Bootsdecken (Haut). Auf kleinen felsigen Inseln kommen Stellers Seelöwen vom Beringmeer über die Aleuten bis nach Südostalaska vor.

Auf solchen »Löwenfelsen« ertönt schon von weitem das Gebrüll der rotbraunen Meeressäugetiere, die alles verzehren, was das Meer an Fisch zu bieten hat. Bullen lassen sich leicht durch ihre eindrucksvolle Größe von fast 3 m ausmachen. Diese Ausmaße erreichen sie nach etwa 11 Jahren. Dann wiegen sie durchschnittlich 570 kg, die Weibchen nur 260 kg. Von Mitte Mai bis Juli sind die Seelöwenfelsen die Geburtsstätten einer neuen Generation.

Obwohl Besucher Stellers Seelöwen oft beobachten können, haben sie hier eine bedrohte Tierart vor sich. Noch in den siebziger Jahren betrug der weltweite Bestand ca. 280 000 Tiere. Davon lebten allein in Alaska 242 000. Seitdem verringerte sich Alaskas Population dramatisch um mehr als 60 Prozent. Die Gründe sind noch immer unklar. Faktoren wie Krankheiten, Pestizide, Überfischung und Fischereinetze, in denen sich die Robben verfangen, könnten hier eine Rolle spielen. Deshalb wurde 1991 eine Schutzmaßnahme getroffen, nach der 16 Meilen um die Seelöwenfelsen nicht mehr mit Schleppnetzen gefischt werden darf.

Vieles spricht aber für die Hypothese, daß eine wichtige Ursache die in diesem Zeitraum beobachtete Wassererwärmung um durchschnittlich 1 °C sein könnte. Denn dadurch haben sich die Artenzusammensetzung und der Speisezettel der Meeressäuger geändert. Besonders einige sehr fettreiche kleinere Fischarten stehen seitdem vermutlich nicht mehr ausreichend zur Verfügung.

senden von Vögeln, die in den Fjorden leben. Häufig sind Seeotter (S. 58), Stellers Seelöwen und Seehunde (S. 43) zu sehen. Die Gewässer besuchen Schwert- (S. 62), Buckel- (S. 40), Grau-, und Zwergwal. Am Ufer auf Hemlocktannen oder Sitkafichten haben Weißkopfseeadler ihre Nester.

Mehrere tausend farbenprächtige Horn- und Gelbschopflunde brüten in den Kenai-Fjorden. Sie graben enge Röhren an steilen, möglichst mit Gras bewachsenen Abhängen oder Klippen und legen dort ein Ei. Nur die Brutzeit verbringen die Lunde an der Küste, sonst leben die hervorragenden Taucher auf dem offenen Ozean. An steilen Klippen brüten in großen Kolonien Dreizehenmöwen, die in fast ganz Alaska verbreitet sind. Charakteristisch für diese kleine Möwe sind der gelbe Schnabel und schwarze Beine. Auch Trottellummen kommen in großer Anzahl vor. Als ebenfalls gute Taucher bevorzugen sie Fische in Heringsgröße. Sie legen ihr einziges Ei an Klippen oder Felsvorsprüngen auf nack-

Kenai Fjords National Park

Der Holgate ist einer der vielen Küstengletscher des Nationalparks.

tem Grund. Die Kreiselform der Eier verhindert, daß sie herunterfallen. Am Fuße der Vogelfelsen brüten Taubenteisten. Nur selten schließen sie sich zu größeren Kolonien zusammen. Weitere Seevögel in den Kenai-Fjorden sind u.a.: Silbermöwe, Beringmöwe, Schmarotzerraubmöwe, Ohrenscharbe, Meerscharbe, Rotgesichtscharbe, Wellenläufer, Küstenseeschwalbe (S. 22), Silberalk und Nashornalk.

Im Gebiet unterwegs

Ideal um einige Tage in abgelegenen Teilen des Nationalparks zu verbringen, ist der Aufenthalt in einer der Hütten.

Fast der ganze Nationalpark ist nur mit Boot oder Wasserflugzeug (Lufttaxi) zugänglich, die in Seward oder Homer gechartert werden können. Eine Ausnahme macht der **Exit-Gletscher.** Man erreicht ihn nach 14,5 km auf der Exit Glacier Road, die vom Seward Highway abzweigt (6 km von Seward). Auf kurzen, maximal 1 km langen **Wanderwegen** ① bis zum Fuß des Gletschers kann der Besucher die Vegetation der Moränen kennenlernen und die blaue Färbung des Eises betrachten. Führungen mit Parkbiologen starten an der Rangerstation. Etwa ab Ende Juni ist der **Harding Icefield Trail** ② (Länge: 5,6 km, Dauer: hin und zurück etwa 1 Tag) schneefrei. Er klettert am Exit-Gletscher entlang auf das Harding-Eisfeld – ein anstrengender, steiler Wanderweg auf dem man neben der

Trottellummen bauen keine Nester. Sie legen ihre Eier auf nackte schmale Felsvorsprünge.

schönen Aussicht nicht selten Schneeziegen zu sehen bekommt.

In Seward befinden sich das Besuchszentrum des Nationalparks und das Alaska Sealife Center, das einen tieferen Einblick in die Unterwasserwelt des Nationalparks gewährt. Neben vielen Fischen kann man im Sealife Center auch Seeotter, Seelöwen, Seehunde und die häufigsten Seevögel des Kenai-Fjords-Nationalparks live erleben. In ihrer natürlichen Umgebung kann man diese Tiere beobachten, wenn man von Seward mit einem der Tourenboote einen Tagesausflug in den Nationalpark unternimmt. Sie fahren in der Regel in die **Aialik Bay** ③, in die 3 Gletscher ins Meer »fließen«: **Aialik**, **Pederson** und **Holgate**. Auf Eisschollen am Fuß der kalbenden Gletscher ertönt häufig das Heulen von Seehunden. Eventuell können Buckelwale

gesichtet werden. Höhepunkt jeder Tour sind die **Chiswell-Inseln** ④. Obwohl an der Mündung der Aialik Bay gelegen, gehören sie nicht mehr zum Nationalpark, sondern zum Alaska Maritime National Wildlife Refuge. 18 verschiedene Vogelarten – darunter Horn- und Gelbschopflund – brüten zu Tausenden an den Felsklippen. Außerdem lärmen Kolonien von Stellers Seelöwen auf flacheren Teilen der Felsinseln. Von den Chiswell-Inseln geht es meist wieder nach Seward zurück.

Setzt man die Bootsfahrt aber in südlicher Richtung fort, trifft man auf 2 lange Fjorde, die zu einem großen Teil erst in diesem Jahrhundert durch den Rückzug der Gletscher entstanden sind: Harris Bay mit der **Northwestern Lagoon** ⑤ und **McCarty-**Fjord ⑥. Während der Northwestern-Gletscher zu Beginn des Jahrhunderts um 11 km zurückwich, waren es beim McCarty-Gletscher über 25 km zwischen 1909 und 1976. Fährt man den 37 km langen Fjord landeinwärts, kann man beobachten, wann welche Pflanzen das vom Eis befreite Land zurückeroberten. An der Mündung der Nuka Bay liegt **Outer Island** ⑦ mit der größten Kolonie Stellers Seelöwen.

Die Geburt eines Eisberges:
Ein gewaltiger Block löst sich von der Eiswand und stürzt krachend ins Meer.

Praktische Tips

Anreise

Von Anchorage mit dem Auto oder der Bahn nach Seward (204 km). Fährverbindungen zwischen Kodiak, Homer, Seward und Valdez.

Klima/Reisezeit

Beste Reisezeit: Juni bis August. Maritimes Klima: kühle, regenreiche Tage; warme Tage mit Sonnenschein sind die Ausnahme. Im Juni steigen die Temperaturen auf 16 °C.

Unterkunft

Campingplätze in Seward und am Seward Highway. Hotels in Seward.

Hütten (Cabins)

Im Nationalpark gibt es 5 Hütten: Holgate Arm Cabin, Aialik Bay Cabin, Delight Creek Cabin, North Arm Cabin, Exit Glacier Cabin (nur im Winter offen). Maximale Aufenthaltsdauer: 3 Tage. Reservierung notwendig, ab 1. Januar (für das beginnende Jahr) möglich bei der Parkverwaltung.

Adressen

- Kenai Fjords National Park
  P.O.Box 1727
  Seward, AK 99664
  Tel.: 907-224-7500
  Fax: 907-224-7505
  www.nps.gov/kefj
- Alaska Sealife Center
  301 Railway Ave;
  P.O. Box 1329, Seward, AK 99664
  Tel.: 907-224-6300
  Fax: 907-224-6320
  www.alaskasealife.org

Kenai River berühmt wegen seiner Quinnat-Lachse in Rekordgröße; idealer Lebensraum für Elche; 2 der beliebtesten Kanurouten Alaskas: Swanson River Route, Swan Lake Route; Biber und Wasservögel an den zahllosen kleinen Seen.

Schon seit Anfang des 19. Jh. war die Kenai-Halbinsel unter Jägern weltberühmt für ihre Großwildarten: Elch, Bär, Dallschaf und Schneeziege. Besonders auf Elche, von denen viele Rekordgrößen besaßen, hatten es die Trophäenjäger abgesehen. Als die Bestände zurückgingen, deklarierte Präsident Roosevelt 1941 ein großes Gebiet der Halbinsel zur Kenai National Moose Range, um die Wildbestände und ihren natürlichen Lebensraum zu schützen. 1980 wurde dieses Gebiet schließlich zum Kenai National Wildlife Refuge and Wilderness (7970 km²).

Das Kenai National Wildlife Refuge senkt sich von den fast 2000 m hohen Kenai-Bergen im Osten nach Westen in eine Ebene, die bis zum Cook Inlet reicht. Sie besteht aus Gletscherablageungen wie Geröll, Gesteinsblöcken, Sand, Ton und Lehm. Dieser Untergrund aus Lehm und Ton ist für Wasser relativ undurchlässig. Die Folge: Feuchte bis sumpfige Gebiete mit kleinen Teichen und Seen entstanden.

Pflanzen und Tiere

Das Kenai National Wildlife Refuge enthält Salzmarschen, Feuchtgebiete, Wald und Tundra. Die weitaus größte Fläche bil-

Blick vom Skyline Trail ② auf die Kenai-Berge.

Wenn die Lachse kommen, stehen Angler Schulter an Schulter an der Gabelung von Kenai und Russian River.

den allerdings Wälder aus Fichten, Hemlocktannen, Birken und Espen. Es sind keine Küstenregenwälder mehr, sondern sie sind dem Typ der borealen Wälder zuzurechnen. Diese Wälder auf der Kenai-Halbinsel werden schon seit Jahren von Borkenkäfern heimgesucht, die überall abgestorbene Bäume und dann offenes Grasland hinterlassen. Totes Holz verstärkt die Feuergefahr. Auf abgebrannten Flächen blühen Weidenröschen (S. 126) und Lupinen. Beeren gibt es im Spätsommer und Herbst: Preiselbeeren (S. 18), »Highbush Craneberry« (S. 87), Krähenbeeren (S. 147) oder *Vaccinium*-Arten wie die Rauschbeere (S. 126). An Straßenrändern und Lichtungen blühen u.a. »Western Columbine« (S. 61), »Chocolate Lily« (S. 61), »Storchschnabel« (Juni/Juli, S. 104), die Goldrute »Elegant Goldenrod« (Juli/ August), auf dem Waldboden Kanadischer Hartriegel (Juni, Frucht: August/ September) und das Wintergrüngewächs »Pink Pyrola« (Juni bis Anfang Juli), an Seeufern die Schwertlilie »Wild Iris« (Juni/Juli) und auf vielen Wasserflächen die gelbe Teichrose (Juli/August).

Elche (S. 108) halten sich im Sommer dort auf, wo es Wasserpflanzen, Weidenbüsche und Birken gibt. Dallschafe (S. 116) und Schneeziegen (S. 121) leben auf den Abhängen der Kenai-Berge. Schwarz- und Braunbären (S. 92), obwohl relativ häufig, sind nur selten zu sehen. Nachdem Karibus (S. 150) aus dem Schutzgebiet verschwunden waren, wurden sie 1965 wieder angesiedelt. Eine kleine Herde zieht jetzt durch die Niederungen am Kenai

River. Hier finden sich auch jedes Jahr Kanadakraniche ein.
In den kleinen Seen nördlich des Sterling Highway schwimmen Kanadischer Biber und Nordamerikanischer Fischotter. Der Biber, Nordamerikas größtes Nagetier, ernährt sich von Baumrinde und Wasserpflanzen. Für den Winter legt er sich einen Vorrat in seiner Burg an, die nur einen Eingang unter Wasser hat. Der Vorteil: Der Eingang friert nicht zu und ist geschützt vor dem Zustrom kalter Luft. Damit ihr Re-

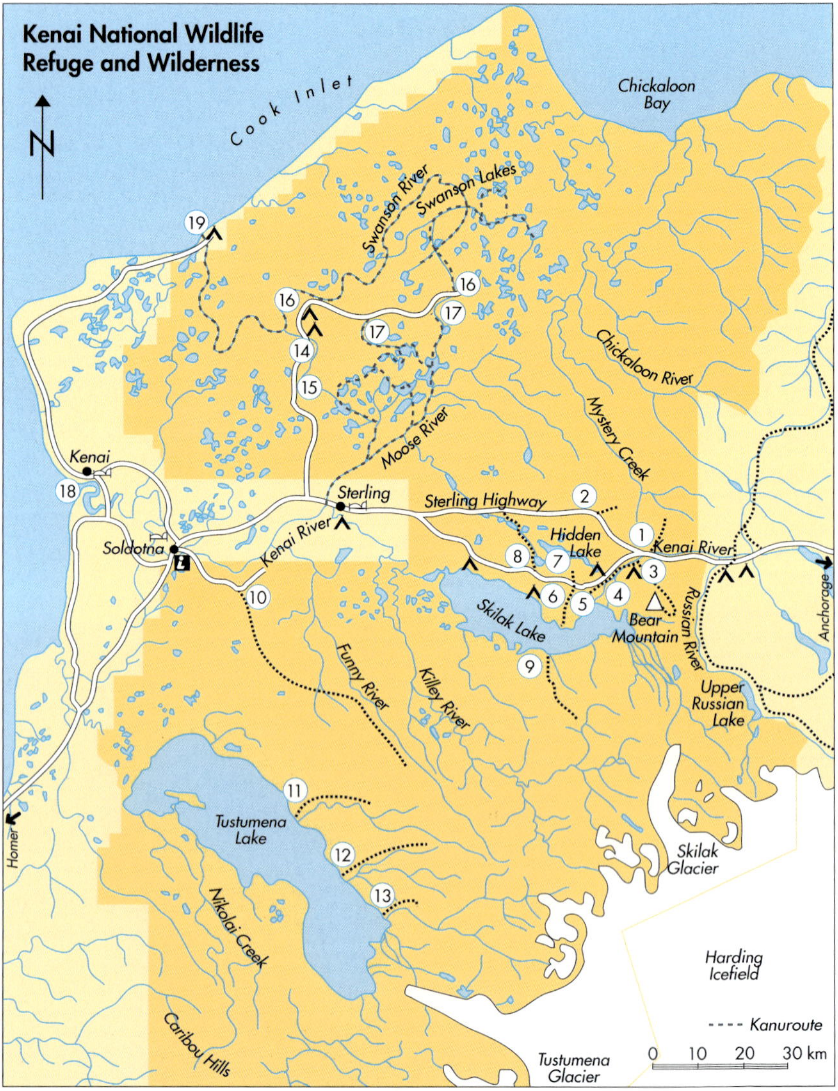

vier immer einen ausreichenden Wasserstand hat, bauen Biber Dämme, vor denen sich das Wasser staut.
Von einem anderen Wasserbewohner, dem Fischotter, entdeckt man häufig nur die Pfade zwischen Seen und Teichen in seinem Territorium, in dem der exellente Taucher und Schwimmer nach Fischen, Fröschen, Muscheln, Schnecken oder kleinen Säugetieren sucht. Er kann dabei länger als 4 Minuten unter Wasser bleiben und in Tiefen bis zu 20 m vordringen. Weitere Säugetiere im Kenai National Wildlife Refuge sind u.a. Bisamratte, Wolf (S. 127), Kojote, Kanadaluchs (S. 106), Schneeschuhhase (S. 104), Wiesel, Mink, Vielfraß (S. 148) und Rothörnchen (S. 96).
An den zahlreichen Wasserflächen brüten Entenvögel: Krickente (S. 56), Spießente, Spatelente, Stockente, Bergente, Kragenente (S. 22), Pfeifente, Löffelente und Trompeterschwan (S. 62). Einige Seen werden im Sommer von Rothalstauchern (S. 86), Sterntauchern (S. 80) oder einem Eistaucherpaar bewohnt. Eistaucher leben hauptsächlich von kleinen Fischen. Sie überwintern an der pazifischen Küste südlich der Aleuten bis nach Kalifornien.
Im Sommer bringen Millionen Lachse den Kenai und den Russian River (Grenze zum Chugach National Forest) zum brodeln. Halb Anchorage scheint dann hier versammelt zu sein. Schulter an Schulter in endlosen Reihen stehen Angler am Flußufer. Quinnat-Lachse von außergewöhnlicher Größe und Blaurückenlachse steigen ab Ende Juni und den ganzen Juli die Flüsse hinauf. Dann kommen Buckellachs im August und Kisutsch-Lachs zwischen August und September. Den Lachsen bis in die Mündung des Kenai River folgt der Weißwal (S. 84).

Im Juni/Juli hat der Kanadische Hartriegel große weiße Blüten, im August/September rote Beeren.

Wenn Blaurückenlachse zum laichen flußauf wandern, verfärben sie sich auffällig rot.

Der breite Schnabel ist das Kennzeichen der Löffelente. Sie bevorzugt flache Seen und Teiche. Abgebildet: Erpel.

Der Swanson River ist eine beliebte Kanuroute.

Die Lilie »Wild Iris«.

Kanadakranich.

Im Gebiet unterwegs

Im Kenai National Wildlife Refuge gibt es mehr als 300 km ausgebaute und gekennzeichnete Wanderrouten. Vor Beginn einer geplanten Wanderung kann man sich im Besucherzentrum (in Soldotna) über den aktuellen Zustand und Besonderheiten der geplanten Route informieren. Die meisten Wanderwege führen durch die Wald- und Seenlandschaft im Bereich der Skilak Loop Road. Kommt man von Anchorage, so erreicht man sie über den Sterling Highway bei Meile 110,9 (alle Positionsangaben auf dem Sterling Highway von Anchorage aus gerechnet). An der Gabelung steht eine Blockhütte des Kenai National Wildlife Refuge. Informationen und Broschüren sind im Sommer hier erhältlich.

Noch vor der Gabelung beginnt eine anstrengende Wanderung bei Meile 110,2 am Sterling Highway: Der **Fuller Lakes Trail** ① (Länge: 4–5 km) steigt zum **Fuller-See** schnell um etwa 400 m an und bietet schöne Ausblicke auf die **Kenai-Berge**. Hinter der Gabelung, ebenfalls vom Sterling Highway bei Meile 113,9, startet der **Skyline Trail** ② (Länge: 2,5 km) im Wald und endet in alpiner Tundra. Er klettert steil um 500 Höhenmeter auf die Mystery Hills, die eine phantastische Aussicht bieten. Ein anderer schwieriger Wanderweg, auf dem ein großer Höhenunterschied (ca. 650 m) zu überwinden ist, ist der **Surprise Creek Trail** ③ (Länge: 5 km) hinauf zum **Bear Mountain**. Um ihn zu erreichen, muß am Anfang der Skilak Loop Road der **Kenai River** überquert werden.

Aber es gibt auch leichte Wanderrouten, die alle von der Skilak Loop Road abgehen. Der **Kenai River Trail** ④ (Länge: 10 km, Weganfang: Meile 2,4 Skilak Lake Road) schlängelt sich parallel dem Kenai River zum Skilak-See. Nur 2 km zum Skilak-See muß man auf dem **Hidden Creek Trail** ⑤ (bei Meile 4,7) zurücklegen. Der **Skilak Lookout Trail** ⑥ (Länge: ca. 4 km, Weganfang: Meile 5,5) erreicht eine Höhe von ca. 400 m und bietet einen schönen Panoramablick auf den See. Auf 400 m steigt auch der **Bear Mountain Trail** ⑦ (Länge: 1,6 km, Weganfang: Meile 6,2). **Seven Lake Trail** ⑧ (Länge: ca. 11 km, Weganfang: Campingplatz am Engineer-See bei Meile 9,5) führt an mehreren Seen vor-

Der Nordamerikanische Fischotter, ein exzellenter Taucher, kann länger als 4 Minuten unter Wasser bleiben.

Blauglöckchen lieben feuchte halbschattige Standorte (blühen Juni/Juli).

Der Kanadische Biber, Nordamerikas größtes Nagetier, schafft Zweige und Stämme zum Dammbau heran.

bei: **Engineer**, **Hidden**, **Kelly** und **Petersen**. Hier vernichtete 1947 Feuer den Wald. Inzwischen sind wieder große Bäume nachgewachsen.

Ein Weg mit anstrengenden Steigungen bis zu einer Höhe von 660 m befindet sich am Südufer des **Skilak-Sees** und ist nur per Boot zu erreichen: **Cotton Creek Trail** ⑨ (Länge: 5 km).

Der **Funny River Horse Trail** ⑩ (Länge: ca. 33 km, Weganfang: Funny River Road in der Nähe des Flughafens von Soldotna) ist ein Reitweg, den man auch zu Fuß entlangwandern kann. 3 Wanderwege haben ihren Startpunkt am Nordufer des **Tustumena-Sees**, dem mit 300 km² größten See auf der Kenai-Halbinsel: **Bear Creek Trail** ⑪ (Länge: ca. 27 km), **Moose Creek Trail** ⑫ (Länge: ca. 12 km), **Lake Emma Trail** ⑬ (Länge: ca. 7 km). Alle 3 Wege sind nur mit dem Boot zu erreichen und steigen bis zu 1000 m an.

Die Spießente, eine der häufigsten Enten in Alaska, brütet im hohen Gras von Feuchtgebieten. Abgebildet: Erpel.

Sterntaucher ziehen ihren Nachwuchs in 7–9 Wochen auf.

Die Swanson River Road (bei Meile 136,4 Sterling Hihgway) führt 28 km in ein Gebiet mit zahllosen Seen, Wanderwegen und Kanurouten. Sie trifft am Ende auf die Swan Lake Road. Über die Swanson River Road hat man Zugang zu 2 Wanderwegen: **Drake and Skookum Lakes Trail** ⑭ (Länge: 3,2 km, Weganfang: Meile 13,3) und **Silver Lake Trail** ⑮ (Länge: 1,6 km, Weganfang: Meile 9,1). Am besten läßt sich die Gegend aber mit einem Kanu erkunden, denn hier verlaufen die 2 vielleicht beliebtesten Kanurouten Alaskas.

Die **Swanson River Route** ⑯ (Länge: etwa 130 km, Dauer: ca. 7 Tage, Einstieg: bei Meile 14,9 an der Swanson River Road oder am Paddle Lake, etwa 20 km von der Swanson River Road entfernt, über die nördliche Seitenstraße der Swan Lake Road zu erreichen) verbindet 40 Seen mit 74 km auf dem Swanson River.

Die **Swan Lake Route** ⑰ (Länge: etwa 100 km, Dauer: ca. 7 Tage, Einstieg: bei Meile 3,5 an der Swan Lake Road von der Gabelung mit Swanson River Road gerechnet oder bei Meile 9,5) verbindet 30 Seen sowie Seitenarme des Moose River miteinander. Auf beiden Routen müssen Portagen überwunden werden. Die längste Portage: 1,6 km.

Praktische Tips

Anreise

Von Anchorage über Seward und Sterling Highway (176 km zum ersten Wanderweg).

Klima/Reisezeit

Die Temperaturen schwanken im Sommer zwischen 16 und 21 °C, können nachts gelegentlich auf den Gefrierpunkt absinken. Spätsommer und Herbst sind sehr regenreich.
Beste Reisezeit Juni bis September.

Unterkunft

Campingplätze entlang des Sterling Highway, der Skilak Loop Road und der Swanson River Road; Hotels in Orten wie Sterling, Soldotna und Kenai.

Kanurouten

Informationen einschließlich Streckenführung, schwierige Passagen und Portagen über Swanson River Route und Swan Lake Route gibt es beim Fish and Wildlife Service. Kanus können vor Ort (z. B. in Sterling und Soldotna) gemietet werden.

Adressen

- United States Department of the Interior, Fish and Wildlife Service, Kenai National Wildlife Refuge, P.O. Box 2139, Soldotna, AK 99669-2139; Tel.: 907-262-7021
- Kenai Convention & Visitors Bureau 11471 Kenai Spur Road, Kenai, AK 99611; Tel.: 907-283-1991 Fax: 907-283-2230 www.visitkenai.com

Blick in die Umgebung

An der **Kenai-Mündung** ⑱ in Kenai (bei Meile 158,5 (etwa 15 km vom Sterling Highway entfernt) hat man eine gute Möglichkeit, im Sommer Weißwale zu beobachten, die mit aufkommender Flut den Lachsen folgen. Gut sind die Chancen auch an der Küste in der **Captain Cook State Recreation Area** ⑲ (etwa 40 km nördlich von Kenai über die North Kenai Road).

7 Chugach State Park

Park mit 80 km Wanderwegen direkt vor Anchorage; Berge, Gletscher und Beobachtungsmöglichkeiten von Dallschaf, Elch und Weißwal.

Jeder Besucher, der über Anchorage anreist, kann nur wenige Autominuten von der größten Stadt Alaskas entfernt Wildniserfahrungen im Chugach State Park sammeln. Der Park, ein fast 2000 km² großes Naherholungsgebiet für die Einwohner von Anchorage, wurde 1970 gegründet und besteht aus den westlichen Ausläufern der Chugach-Berge mit 2400 m hohen Gipfeln, Gletschern wie Eklutna und Eagle, Flüssen und Seen. Der Park ist ein Teil des Chugach-Terran.

Nach Süden grenzt der Chugach State Park an einen Seitenarm des Cook Inlet, den Turnagain-Arm. Den Namen erhielt der Meeresarm von Captain Cook, der 1778 mit den Schiffen Discovery und Resolution auf der Suche nach der Nordwest-Passage hier wieder umdrehen mußte, als er feststellte, daß er sich in einer Sackgasse befand. Der Park selber wurde nach seinen wahrscheinlich ersten Besuchern benannt, den Chugach, einer Gruppe pazifischer Eskimos, die den Prince William Sound bewohnten und auf Jagdausflügen bis zum Turnagain-Arm vorstießen. Zu Goldrauschzeiten am Ende des 19. Jh. verlief mitten durch den heutigen Park ein Teilstück einer wichtigen Versorgungsroute, die Goldgräberorte des Nordens mit Seward verband.

Blick vom Twin Peaks Trail auf Eklutna-See und Chugach-Berge.

Pflanzen und Tiere

Im Chugach State Park kommen Vegetationszonen von Wald bis zu alpiner Tundra vor. Die Baumgrenze liegt bei etwa 600 m. Regional unterschiedlich wird dichter Wald aus Sitka- und Weißfichte, Papierbirke, Hemlocktanne, Espe und der Balsampappel gebildet. Im Untergrund sprießen Farne und Kanadischer Hartriegel (S. 32), an der zur Küste gewandten Seite wuchert Traubenholunder (S. 52), an feuchten Stellen »Devil's Club« (S. 60). Schmackhafte Beeren liefern in Spätsommer und Herbst: »Highbush Craneberry« (Blüte: Juni, Frucht: August), Preiselbeere (S. 18), Rote und Schwarze Johannisbeeren (S. 102), Knotenfuß (Blüte: Mitte Juni bis Ende Juli, Frucht: August) und *Vaccinium*-Arten. Aber VORSICHT! Extrem giftig sind die Beeren des Roten Christophkrauts (Blüten: Ende Mai bis Anfang Juli, Beeren: Juli bis August, S. 87). Schon 6 Beeren sollen bei einem kleinen Kind zum Tod geführt haben.

An feuchten Standorten wachsen z. B. Götterblume (S. 91), Waldgeißbart (Blüte: Juli) und Bärenklau (S. 31). Auf Wiesen oder wenn die Baumgrenze überschritten ist auf subalpinem Grasland blühen u.a.:

Egedes Fingerkraut blüht im Juni/Juli an Stränden und Uferzonen.

Der Knotenfuß hat im Juni/Juli kleine weiße Blüten und ab August ovale olivenförmige Früchte (kleines Foto).

Weidenröschen (S. 126), »Nootka Lupine« (S. 95), »Wild Geranium« (Juni bis Anfang Juli), »Coastal Paintbrush« (Juli/ August), Veilchenarten wie »Dog Violet« (Juni/Juli), »Chocolate Lily« (S. 61) oder das Wiesenknopfgewächs »Sitka Burnet« (Juli/August). Auf höher gelegenen Abhängen folgen: Steinbrechgewächse wie »Yellow Spotted Saxifrage« (Juli) und »Prickly Saxi-

Die Wanderdrossel ist im Sommer fast überall in Alaska anzutreffen und fliegt zum Überwintern teilweise bis nach Guatemala.

Das Eisgraue Murmeltier legt sich für den Winter eine dicke Fettschicht zu.

Wenn Gefahr droht, warnt der Pfeifhase seine Kolonie durch schrille Pfeiftöne.

frage« (Ende Mai bis Mitte Juni), Silberwurz (S. 17), Alpenbärentraube (S. 146) und Krähenbeere (S. 147).

Auf den hochgelegenen Abhängen im Chugach State Park klettern Dallschaf (S. 116) und Schneeziege (S. 121). Ferner huschen Arktisches Erdhörnchen (S. 124), Eisgraues Murmeltier und Pika über die alpine Tundra. Der kleine Pika oder Pfeifhase, ein Verwandter der Hasen und Kaninchen wiegt gerade 150 g. Er lebt in Kolonien und warnt seine Gefährten durch schrille Pfeiftöne vor Feinden, damit sie sich in ihren Bau flüchten können. Für den Winter legt er bis zu einen halben Meter hohe Heuhaufen an. Dagegen frißt sich das Murmeltier im Sommer eine Fettschicht an, die den reduzierten Stoffwechsel während des Winterschlafs aufrechterhält. Weitere Tiere im Park sind Schwarz- und Braunbär (S. 92), Elch (S. 108), Rotfuchs, Kanadaluchs (S. 106), Nordamerikanischer Baumstachler (S. 142), Schneehuhn (S. 138) und Steinadler (S. 126).

Besonders die Chance einen Elch zu Gesicht zu bekommen, ist im gesamten Gebiet sehr hoch. Im Frühjahr wandern etliche Elchkühe mit ihren neugeborenen Kälbern bis in die Vorgärten von Anchorage. Aber auch Bären zieht es dorthin. Während Braunbären von den Elchkälbern angelockt werden, sind es bei den Schwarzbären häufig nicht gesicherte Abfalltonnen in der Gegend von O'Malley Road und Hillside Drive.

Im Turnagain-Arm schwimmen im Juli und August Weißwale (Belugas) der Cook-Inlet-Population. Nach der Geburt noch dunkelblau wird dieser Zahnwal erst im Alter von 6 Jahren weiß und erreicht Kör-

Weißwale der Cook-Inlet-Population folgen Fischschwärmen mit der Flut in den Turnagain-Arm.

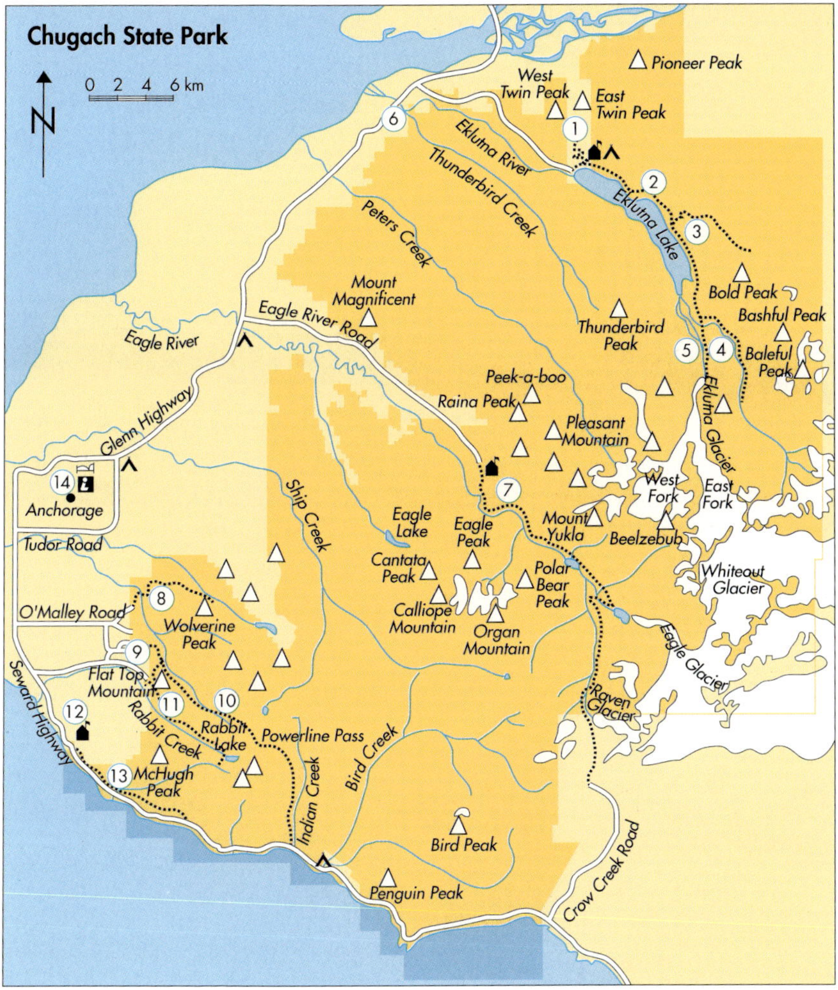

perlängen von 4–5 m. Da während des Auftauchens oft nur das Blasloch die Wasseroberfläche durchstößt, weist allein eine Wasserfontäne auf seine Anwesenheit hin.

Im Gebiet unterwegs

Von Anchorage über den Ort Eagle River (Meile 13,4) erreicht man auf der Eagle River Road das Besucherzentrum (Meile 12,7). Dort oder in Anchorage im Alaska Public Lands Information Center gibt es Informationen über die 80 km Wanderwege sowie Flora und Fauna des Parks. Außerdem hat der Besucher die Möglichkeit an kürzeren, von Parkbiologen geführten Wanderungen teilzunehmen. Am Besucherzentrum beginnt auch die alte Versor-

Potters Marsh: Brutgebiet sowie für viele Zugvögel ein Zwischenstopp im Frühjahr und Herbst.

gungsroute aus der Goldgräberzeit: **Historical Iditarod/Crow Pass Trail** ⑦ (Länge: ca. 42 km, Dauer: 2–3 Tage). Die erste Strecke hat kaum Steigungen und ist einfach zu bewältigen. Wanderer sehen häufig Schwarzbär und Elch. Nach etwa 24 km

klettert der Weg über 13 km auf alpine Tundra bis zum **Crow Pass** (1165 m). Hier steht eine Hütte des Chugach National Forest (s.S. 56). Weiter führt der Weg dann hinunter zur Crow Creek Road, der Verbindungsstraße zum Seward Highway.

Mehrere Wanderrouten liegen in der Gegend des **Eklutna-Sees** (Glenn Highway Meile 26,3 auf die Eklutna Road). Der bis in alpine Tundraregionen kletternde **Twin Peaks Trail** ① (Länge: 5,6 km, Dauer: hin und zurück 3 h) ist beliebt wegen seiner Panoramasicht auf See, Gletscher und umliegende Gipfel. An **Twin Peak** und **Goat Mountain** klettern oft Dallschafe herum. Der einfache **Lakeside Trail** ② (Länge: 21 km, Dauer: 6 h) folgt am Nordufer des Eklutna-Sees einer alten Straße, die im Sommer reich an Wildblumen und im Herbst an reifen Beeren ist. Nach 8 km

Der Rothalstaucher, ein Brutvogel in Potters Marsh, lebt von Fischen, Krebsen und Wasserinsekten.

Der Matanuska River – vom gleichnamigen Gletscher gespeist – fließt durch eine leuchtende Herbstlandschaft.

»Highbush Cranberry«, ein 1 – 2 m hoher Busch, liefert im August eßbare Beeren (Juni: weiße Blüten).

Im Juli/August reifen die äußerst giftigen Früchte des Roten Christophkrauts heran (Juni: weiße Blüten).

zweigt von diesem Weg der **Bold Ridge Trail** ③ ab (Länge: 5,6 km, Dauer: hin und zurück ca. 3 h). Der Pfad steigt steil in alpine Tundra mit Panoramablicken auf **Eklutna-Tal**, **Knik Arm** und **Cook Inlet**. Nach 17 km Lakeside Trail, trifft man auf den Startpunkt des **East Fork Trail** ④ (Länge: 9 km). Er begleitet die Ostgabel des **Eklutna River**, umgeben von den höchsten Gipfeln im Chugach State Park: **Bashful** (2440 m) und **Baleful Peak** (2400 m). Am Ende des Lakeside Trail (Länge: 1,2 km) führt der **Eklutna Glacier Trail** ⑤ (Länge: 1,2 km) zum Eklutna-Gletscher.

Nur ein kleiner Spaziergang (1,6 km) durch dichten Wald ist dagegen die Besichtigung der **Thunderbird Falls** ⑥. Diese Wasserfälle erreicht man über den Glenn Highway (Ausfahrt Meile 25,2).

Noch dichter bei Anchorage liegen südlich der Stadt 5 Zugänge in den Park: Prospect Heights, Upper O'Malley, Upper Huffman, Glen Alps, Rabbit Creek. Man gelangt zu ihnen über Seward Highway (bis Meile 6,2), O'Malley Road und Hillside Drive. Von Prospect Heights erreicht man den **Wolverine Trail** ⑧ (Länge: ca. 8 km), der Birken-/Fichtenwald und Tundravegetation passiert, während er auf den über 1300 m hohen **Wolverine Peak** klettert. Bei schönem Wetter beeindrucken phantastische Aussichten auf Anchorage und Alaska-Kette mit Mt. McKinley. Mit einer ebenso schönen Panoramaaussicht wird der Besucher belohnt, wenn er den **Flat Top Mountain** (1065 m) auf dem **Flat Top Mountain Trail** ⑨ besteigt (Länge: 2,8 km, Startpunkt: Glen Alps). Glen Alps ist auch der Aus-

Elch im Vorgarten: In den Wohnvierteln an der O'Malley Road kein seltener Anblick.

gangspunkt für den **Powerline Trail** ⑩ (Länge: 17,6 km). Er folgt einer alten geschlossenen Straße durch die Hügellandschaft. Zum **Rabbit-See** in alpine Tundra führt der **Rabbit Lakes Trail** ⑪ (Länge: 4 km, Startpunkt: Rabbit Creek Valley an der Lower Canyon Road).
Weiter südlich am Seward Highway (Meile 9,6) kann man Vögel in **Potters Marsh** ⑫ beobachten, einem Feuchtgebiet, in dem neben zahlreichen Enten Kanadagänse, Kanadakranich, Ohren- und Rothalstaucher sowie Küstenseeschwalbe brüten. Bei Meile 12 liegt der Weganfang des **Turnagain Arm Trail** ⑬ (Länge: 15 km). Er windet sich durch Fichten-/Birken-/Espenwald und Wiesen parallel zum Seward Highway mit guter Aussicht auf **Turnagain-Arm**. Zugänge zum Highway gibt es vor dem Wegende nach ca. 5 und 12 km.

Praktische Tips

Anreise
Von Anchorage über Glenn oder Seward Highway.

Klima / Reisezeit
Milde Sommer mit zunehmend maritimem Einfluß von West nach Ost. Jährlicher Niederschlag im Westen (Anchorage) 390 mm, im Osten (Girdwood, nur 50 km entfernt) 1800 mm. Durchschnittstemperatur im Juli in Anchorage 14 °C mit Tageshöchsttemperaturen bis etwa 25 °C.
Beste Reisezeit: Juni bis September.

Unterkunft
Campingplätze im und am Rand des Chugach State Park sowie in Anchorage. Hotels jeder Kategorie in Anchorage.

Adressen
- Chugach State Park Headquarters, HC 52 Box 8999, Indian, AK 99540, Tel.: 907-345-5014 www.dnr.state.ak.us/parks/units/chugach/trails.htm
- Anchorage Convention and Visitors Bureau 524 W. 4th Avenue, Anchorage, AK 99501; Tel.: 907-276-4118 Fax: 907-278-5559 www.anchorage.net
- Alaska Public Lands Information Center Anchorage 605 W 4th Avenue Suite 105 Anchorage, AK 99501 Tel.: 907-271-2737 www.nps.gov/aplic

Blick in die Umgebung
Anchorage Museum of History and Art ⑭ (121 W. Seventh Ave.) zeigt u.a. Jagdgeräte, Kleidung und Kunstgegenstände aus der Geschichte der Ureinwohner Alaskas. Die einzige Moschusochsenfarm (Musk Ox Farm), auf der diese urtümlichen Tiere gezüchtet werden, kann man während der Sommermonate besichtigen. 80 km von Anchorage (Glen Highway Meile 50,1). Bei Meile 102 Glen Highway liegt das Ende des aus den Chugach-Bergen kommenden **Matanuska-Gletschers**, der von der Straße leicht zu erreichen ist und zu Fuß erkundet werden kann.

Die größten Braunbären der Erde: Kodiakbären; in den Flüssen wimmelt es von Lachsen; Stellers Seelöwen, Seeotter und Wale in den Gewässern rund um Kodiak; Tausende Brutvögel auf kleinen Inseln.

Der Kodiak-Archipel umfaßt mehr als 100 Inseln, von der größten Kodiak bis zu namenlosen Felsen, die aus dem Ozean ragen. Im Westen des Golfs von Alaska gelegen, ist die Inselgruppe eine Fortsetzung der Kenai-Berge. Der höchste Berg Kodiaks (Koniag) erhebt sich aber nur 1362 m über den Meeresspiegel. Wer sich auf der Insel Kodiak durch die Humusschicht gräbt, stößt in vielen Gebieten auf eine helle, bis 45 cm tiefe Ascheschicht. Denn am 6. Juni 1912 wurde es in der Stadt Kodiak stockdunkel und Asche regnete herab. Sie stammt von dem über 100 km entfernten Vulkan Novarupta (s.S. 101).

Dies war nicht die einzige Naturkatastrophe in der jüngsten Vergangenheit Kodiaks. Das Erdbeben von 1964 mit seinem Epizentrum im Prince William Sound (s.S. 56) ließ gewaltige Flutwellen entstehen, die auf die Küste zurasten und Schiffe und Häuser zerstörten. 1989 driftete Öl von der »Exxon Valdez« (s.S. 59) auch nach Kodiak und verschmutzte die Westküste einschließlich empfindlicher Wattgebiete. Unzählige Meerestiere und Vögel starben. In den Küstengewässern konnte nicht gefischt werden.

Wegen seines Reichtums an Meerestieren war Kodiak nie eine menschenleere Wildnis. Als die Russen 1763 das erste Mal die Insel betraten, lebten dort etwa 8000 Koniags, pazifische Eskimos, die zu den Yuits gehören. In prähistorischen Zeiten

Flußdelta an der Kizhuyak Bay im Norden der Insel Kodiak.

Strauch- und niedrige Tundravegetation bedecken weite Teile der Insel Kodiak – von oben betrachtet ein grünes Mosaik.

besaß Kodiak eine der größten Bevölkerungsdichten Alaskas. Menschliche Spuren reichen bis in die Zeit vor 6500 Jahren zurück.

Aber gravierende Einschnitte in die Lebensräume Kodiaks fanden vermutlich erst statt, als Rußland Alaska zu seiner Kolonie machte. Pelztierjäger dezimierten in jener Zeit die Seeotterbestände fast bis zu ihrer völligen Vernichtung. Im letzten Jahrhundert ging es dann den Kodiakbären an den Kragen. Fischern galten sie als Nahrungskonkurrenten und Viehzüchtern als ständige Bedrohung für ihre Rinderherden. Jäger und Naturfreunde sahen den Bärenbestand gefährdet und setzten sich schließlich 1941 mit der Errichtung eines Schutzgebietes durch, das etwa zwei Drittel der Insel Kodiak einschließt: das Kodiak National Wildlife Refuge (7547 km²).

Pflanzen und Tiere

Auf der Insel Kodiak dominiert eine Feuchttundravegetation aus Sträuchern wie Erlen (S. 45), Weiden (S. 117), Zwergbirken (S.118), Rauschbeeren (S. 126) und »Highbush Craneberry« (S. 87) zusammen mit Seggen und Wollgräsern (S. 152). Üppige Wiesen enthalten Weidenröschen

Die Blüten der Götterblume leuchten im Juni auf üppigen Wiesen.

Grizzly und Kodiakbär

Alaska ist Bärenland. Wer das Land besucht, möchte dieses mächtige Raubtier in einem seiner letzten Rückzugsgebiete beobachten. Biologen schätzen den Bestand in Alaska auf 30 000–40 000 Braunbären. So häufig wie in Alaska waren sie vor etwa 150 Jahren noch auf fast dem gesamten nordamerikanischen Kontinent. Heute leben gerade noch 600 in den südlicheren Staaten der USA und vielleicht 15 000–20 000 in Kanada. Der etwa vor 80.000 Jahren über die Beringlandbrücke (s.S. 20) nach Amerika eingewanderte Braunbär besiedelt alle Lebensräume Alaskas, vom Küstenregenwald bis zur arktischen Tundra des North Slope.
In solch unterschiedlichen Lebensräumen konnte er sich durch seine anpassungsfähige Ernährungsweise verbreiten. Der Braunbär ist ein Allesfresser, der sich in der arktischen Tundra fast zum Vegetarier entwickelt hat. Im Sommer »weidet« er auf den Tundraflächen. Er frißt Gras, Kräuter, Beeren und Wurzeln. Abwechslung auf der Speisekarte bringen Insekten und kleine Säugetiere (Arktisches Erdhörnchen). Nur selten macht er große Beute. Eine Ausnahme sind Frühjahr und Sommeranfang, wenn sich leicht Karibu- und Elchkälber erlegen lassen. Diese das Landesinnere bewohnenden Braunbären werden allgemein als Grizzlys bezeichnet.
An der Küste stehen dem Braunbären dagegen Proteine in Hülle und Fülle zur Verfügung: Lachse. Deshalb, so vermuten

Im Sommer versammeln sich oft ganze Gruppen von Braunbären an guten Stellen zum Lachsfang.

Feinschmecker unter den Braunbären fressen nur Milch oder Rogen der gefangenen Lachse.

Biologen, sind Küstenbraunbären auch um 30–50 Prozent größer als ihre Vettern in Zentral- und Nordalaska. Früher glaubte man, hier sogar 2 Arten vor sich zu haben.

Alle Größenrekorde unter den Braunbären bricht allerdings der Kodiakbär mit seinen imposanten Ausmaßen. Ein Männchen kann 700 kg auf die Waage bringen und aufgerichtet eine Höhe von 2,7–3 m erreichen. Diese »Riesen«-Rasse – eine Unterart des auch in Eurasien verbreiteten Braunbären – hat sich über Jahrtausende isoliert entwickelt.

Entsprechend dem Nahrungsangebot gibt es sehr unterschiedliche Bärendichten in Alaska. Während in der arktischen Küstenebene ein Bär 260 km² und im Inland durchschnittlich 40 km² Landfläche zum Überleben benötigt, reichen auf Admiralty 2,6 km². An der Küste kommt es außerdem zu den berühmten Bärenansammlungen an den Lachsflüssen. Dagegen verlaufen die Lebens- und Jahresrhythmen bei allen Bären sehr ähnlich. Zwischen Mai und Juli ist die Brunstzeit. Etwa im Oktober/November suchen sie sich eine Winterhöhle. Trächtige Bärinnen sind die ersten, die sich zur Winterruhe begeben – im kalten Norden für 7–8 Monate. In wärmeren Regionen wie auf Kodiak verzichten einige Bären ganz auf eine Winterpause.

Im Januar/Februar bringen die Bärinnen in ihrer Winterhöhle gewöhnlich 2 Junge zur Welt, die 2–3 Jahre bei der Mutter bleiben und von ihr alles über lohnende Futterquellen lernen. Sie übernehmen so

Bärinnen mit Neugeborenen halten sich weit entfernt von ihren Artgenossen auf.

z. B. auch die individuellen Techniken der Mutter beim Lachsfang. Wer dem Nachwuchs in dieser Zeit zu nahe kommt, wird angegriffen. Eine der größten Bedrohungen für die Neugeborenen und Einjährigen sind dabei ausgewachsene männliche Bären. Spätestens im dritten Jahr verändert sich das Verhalten der Bärin von einem Tag auf den anderen. Sie jagt ihre verdutzten Sprößlinge fort, die nun alt genug sind, um ein selbständiges Bärenleben zu führen.

Nicht jeder Bär hat den Dreh raus: Während ein Champion unter den pelzigen Fischern einen Leckerbissen nach dem anderen an Land zieht, starren weniger Talentierte ihrer Beute nach fast jedem Fangversuch nur frustriert hinterher.

Blick von Near Island in der Chiniak Bay auf die Küste Kodiaks.

(S. 126), »Nootka Lupine« (blüht Juni bis Anfang Juli) und Bärenklau. An den Abhängen blühen im Frühsommer Götterblumen (Juni), »Chocolate Lily« (S. 61) und später Eisenhutarten (S. 128). Zur alpinen Tundra gehören u.a. die sehr niedrigwachsende Rhododendronart »Kamchatka Rhododendron« (blüht Ende Mai bis Anfang Juni), Krähenbeere (S. 147), Preiselbeere (S. 18), Alpenazalee, Stengelloses Leimkraut (S. 14) und Bärentraube (S. 146).

Regenwald aus Sitkafichten ist während der letzten 500 Jahre auf dem nordöstlichen Teil der Insel Kodiak und den nördlich gelegenen Inseln wie Afognak entstanden. Seine Südgrenze dehnt er alle 100 Jahre um ca. 1,5 km aus. Im Unterholz wuchern u.a. »Devil's Club« (S. 60) und ein Strauch aus der Brombeerfamilie: »Salmonberry« (Blüte: Juni/Juli), der im August rote schmackhafte Beeren produziert – eine bevorzugte Speise der Kodiakbären.

Als die ersten Europäer nach Kodiak kamen, gab es dort nur 6 Säugetierarten: Braunbär, Rotfuchs, Nordamerikanischer

»Nootka«-Lupinen blühen von Juni bis Anfang Juli an Abhängen, Straßenrändern und auf Wiesen.

Wiesenlandschaft mit Weidenröschen (auf dem Foto mit Samenständen) entlang der Pasagshak Road.

Fischotter (S. 79), Hermelin, Nordische Wühlmaus und die Kleine Braune Fledermaus. Alle anderen Säugetiere wurden angesiedelt, viele erst in den zwanziger und fünfziger Jahren dieses Jahrhunderts: Schwarzschwanz-Maultierhirsch (S. 54), Schneeziege (S. 121), Kanadischer Biber (S. 80), Bisamratte, Rothörnchen und Roosevelt-Hirsch, der jetzt auf den Inseln Afognak und Raspberry anzutreffen ist. Seine Berühmtheit hat Kodiak seinen Braunbären zu verdanken, die hier außergewöhnliche Größen (Rekord: 3 m, 680 kg) erreichen und mit ca. 3000 Exemplaren eine der dichtesten Braunbärpopulationen der Welt bilden. Während dieses mächtige Raubtier auf Kodiak sowohl Tundra als auch Wald durchstreift, ist das Rothörnchen ein typischer Waldbewohner. Für den Winter muß es sich Vorräte zulegen, die es aber nicht vergräbt. Vielmehr türmt es große Haufen aus Zapfen der Sitkafichte auf.

In den Buchten Kodiaks und Afognaks schwimmen Seeotter (S. 58), Stellers

Den Regenwald aus Sitkafichten im Norden von Kodiak bewohnen Rothörnchen.

Die rundblättrige Glockenblume – verbreitet an der Küste Kodiaks – blüht im Juli/August.

Seelöwen (S. 69) und Seehunde (S. 43). Grau-, Buckel- (S. 40) und Finnwale passieren im Frühjahr die Küste auf ihren Wanderungen in das Beringmeer und die Tschuktschensee. Im Herbst kehren sie auf diesen Routen zurück in südliche Gewässer. Grauwale ziehen bis zu den Lagunen von Niederkalifornien, um dort zu überwintern und Nachwuchs zu gebären.

Die Gewässer rund um den Kodiak-Archipel gehören weltweit zu den fischreichsten. Alle 5 pazifischen Lachsarten Alaskas wandern in großer Zahl die Flüsse hinauf. Die Fischereiboote landen ihre Fänge im Hafen von Kodiak an: u.a. Hering, Heilbutt und verschiedene Krebstierarten. Seit den letzten Jahren wird versucht, mehr Informationen über die Biologie des Pazifischen Heilbutts, eines bis 2 m langen Plattfisches, zu erhalten – mittels eingepflanzter Sender. Demnach scheinen die größeren und älteren Exemplare (über 10 Jahre) einzeln in Revieren von der Größe eines halben Fußballfeldes zu leben. Dagegen zeigen die jüngeren ein ausgesprochenes Wanderverhalten.

Mehr als 200 Vogelarten haben Ornithologen auf dem Kodiak-Archipel gezählt. Millionen von Seevögeln brüten meist auf kleinen abgelegenen Inseln oder an der Küste. Darunter: Horn- und Gelbschopflund (S. 67), Trottellumme (S. 72), Dickschnabellumme (S. 113), Meerscharbe, Rotgesichtscharbe, Eissturmvogel (S. 114), Taubenteiste (S. 68), Silberalk und Dreizehenmöwe (S. 60). Zu den 56 Vogelarten, die auf Kodiak das ganze Jahr verbringen, gehören Kolkraben, Sundkrähen, Elstern, Schwarzkopfmeisen, Drosseln sowie der Weißkopfseeadler (S. 51). Häufige Zugvögel sind Regenpfeifer, Uferläufer, Bekassine und Entenarten wie Stockente, Spießente (S. 80) und Krickente (S. 56).

»Salmonberry«, ein halbhoher Strauch aus der Brombeerfamilie, entwickelt im Juni/Juli rote Blüten (oben) und ab August schmackhafte Beeren (unten).

Die Strand-Platterbse (Blütezeit: Juni) wuchert an Stränden Südalaskas.

Im Gebiet unterwegs

Wer nach Kodiak reist, möchte natürlich Bären sehen, was trotz der Rekorddichte nicht einfach ist. Denn die Chance, auf einen Bären im Nordosten der Insel entlang der rund 160 Straßenkilometer zu stoßen, ist fast gleich Null. Hier in den »besiedelten« Gebieten halten sich Bären nur sehr selten auf. Die beste Gelegenheit, Kodiakbären zu beobachten, bieten abgelegene und nur mit dem Wasserflugzeug zugängliche Flüsse und Seen im National Wildlife Refuge, wenn es dort von Lachsen wimmelt.

An einigen solchen Stellen liegen Hütten (Reservierung!), die während bestimmter Monate gute Aussichten auf Bärenbeobachtungen bieten: **O'Malley** ① (Juli/August), **South Frazer Lake** ② (Juli/August), **North Frazer Lake** ③ (August/September), **Uganik Lake** ④ (August bis Oktober) und **Little River** ⑤ (Mitte Juni bis Mitte September).

Zu weiteren Beobachtungsplätzen können Sie von Kodiak Stadt mit dem Wasserflugzeug starten. Mehrere private Veranstalter bieten von hier aus Beobachtungstouren für einen Tag an, auf denen sie die Sichtung der braunen Riesen garantieren.

Ebenfalls nur mit dem Wasserflugzeug ist der **Shuyak Island State Park** ⑥ auf der Insel Shuyak zu erreichen. Er besteht aus dichtem Regenwald, den Kodiakbär und Schwarzschwanz-Maultierhirsch bewohnen. An der Küste schwimmen Seeotter. Wanderwege sind kaum vorhanden. 4 Hütten stehen für Übernachtungen zur Verfügung.

Aber auch in dem durch Straßen erschlossenen Teil von Kodiak gibt es viel zu entdecken. In der Stadt Kodiak selber zeigt das **Baranov Museum** ⑦ Ausstellungsstücke aus russischer und Koniagkultur. **Im Hafen** ⑧ landen Fischereiboote ihre Fänge an. Einige Stellers Seelöwen tummeln sich dort und hoffen, zusammen mit Dreizehenmöwen und Krähen, daß Fische über Bord fallen.

Vom Stadtzentrum nach Norden auf der Straße Rezanof Drive gelangt man nach 6,3 km zum **Fort Abercombie State Historic Park** ⑨, der aus Regenwald besteht und auf mehreren Wegen zum Spazierengehen einlädt. Im Park befindet sich **Millers Point**, von dem eine gute Aussicht auf das Meer besteht – ein Aussichtspunkt, um zwischen Mitte März und Mitte Mai Grauwale vorbeischwimmen zu sehen. Andere solche mit dem Auto erreichbare Beobachtungspunkte sind **Chiniak Point** ⑭ und **Narrow Cape** ⑯. Am Ende der Monashka Bay Road nach 18,2 km beginnt der **Termination Point Trail** ⑩ (Länge: ca. 5 km) und führt durch Regenwald.

Fährt der Besucher vom Stadtzentrum den Rezanof Drive nach Süden (7,1 km),

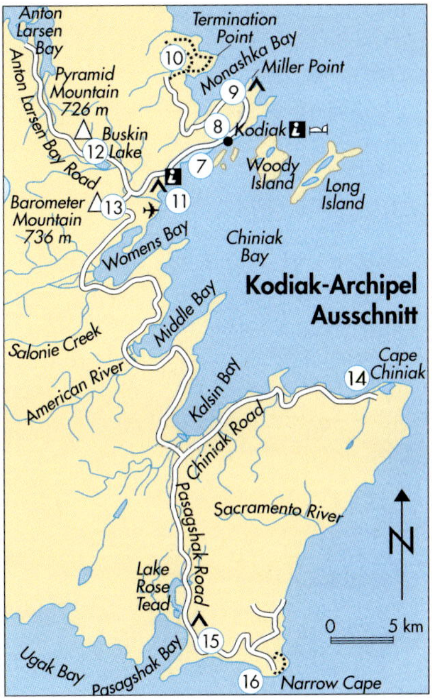

so trifft er auf **Buskin River State Recreation Site** ⑪, ein beliebter Ort für Lachsangler.

Außerdem liegt dort das Informationszentrum für das Kodiak National Wildlife Refuge. Etwas weiter, unmittlebar vor der Brükke über den **Buskin River**, zweigt rechts die Anton Larson Bay Road ab (weder markiert noch ausgeschildert). Nach 9,3 km auf dieser Straße klettert ein **Weg** ⑫ von einem Parkplatz auf den 720 m hohen **Pyramid Mountain** (Panoramablick). Einen guten Ausblick bietet auch der **Barometer Mountain** ⑬ (736 m). Man erreicht den Wanderweg dorthin über die Chiniak Road, etwa 1,2 km in südlicher Richtung von der Abzweigung zur **Anton Larsen Bay** entfernt.

Bei Kilometer 49,2 geht von der Chiniak Road die Pasagshak Road ab und führt zur **Pasagshak Bay** (ca. 12 km). Setzt man die

Fahrt fort, so kann man auf den Wiesen ⑮ Bisons sehen, die von einem Viehzüchter gehalten werden, aber frei herumlaufen. Die Straße endet am **Narrow Cape** ⑯, Klippen, die Versteinerungen von Muscheln, Schnecken und anderen Meerestieren enthalten. Hier startet auch der Narrow Cape Trail, ein bequemer Wanderweg, erst an der Küste entlang und dann in einem Bogen zurück zur Straße.

VORSICHT: Vor dem Ende der Straße starkes Gefälle, eventuell kann nicht jedes Auto die Steigung auf dem Rückweg überwinden, wenn der Boden der unbefestigten Straße aufgeweicht ist.

Zur Hauptnahrung der Sundkrähe gehören toter Fisch, Muscheln und kleine Krebse.

Praktische Tips

Anreise

Flugzeug: von Anchorage. Fähre: von Seward oder Homer. Ins National Wildlife Refuge mit einem Wasserflugzeug (Lufttaxi).

Klima/Reisezeit

Maritimes Klima: kühle, niederschlagsreiche Sommer, milde Winter. Temperaturen erreichen im Sommer nur gelegentlich 20 °C. Im Mai, September und Oktober fällt der meiste Regen. Beste Reisezeit: Juni bis August.

Unterkunft

3 öffentliche Campingplätze entlang des Straßennetzes, Hotels in Kodiak.

Hütten (Cabins) Im Kodiak National Wildlife Refuge stehen insgesamt 8 Hütten (4–5 Schlafplätze) und im Shuyak Island State Park 4 Hütten (8 Schlafplätze, Reservierung 6 Monate im voraus, aktuelle Bedingungen bei Alaska State Parks) für Übernachtungen zur Verfügung. Sie sind alle nur per Boot oder Wasserflugzeug erreichbar. Maximaler Aufenthalt: 7 Tage. Aufgrund der großen Nachfrage werden die Hütten des National Wildlife Refuge unter den eingegangenen Reservierungswünschen verlost. Genaue und aktuelle Bedingungen über das Verfahren und die Verlosung erfahren Sie von der Verwaltung des Kodiak National Wildlife Refuge.

Adressen

- Kodiak National Wildlife Refuge, 1390 Buskin River Road, Kodiak, AK 99615, Tel.: 907-487-2600; www.kodiak.fws.gov; www.kodiakisland.net
- **Kodiak Island**
  Kodiak Island Convention & Visitors Bureau, 100 Marine Way, Suite 200, Kodiak, Alaska 99615, Tel.: 907-486-4782; www.kodiak.org

Braunbären beim Lachsfang; Flüsse und Seen des Nationalparks gehören zu den lachsreichsten in Alaska; Elche äsen in den Tälern; Valley of Ten Thousand Smokes: ein von Vulkanasche bedecktes Tal; 14 aktive Vulkane.

»Wir erwarten jeden Moment den Tod... Ein Berg explodierte in der Nähe, so daß wir an einigen Stellen 3 m hoch mit Asche bedeckt sind. All das began am 6. Juni. Nacht und Tag brennen die Lampen. Wir können kein Tageslicht sehen... Alle Flüsse sind mit Asche bedeckt... Hier ist Dunkelheit und die Hölle, Donner und Getöse.« Das schrieb Ivan Orloff, ein Fischer, 3 Tage nach dem Vulkanausbruch des Novarupta an seine Frau, während er sich in der Kaflia Bay aufhielt – 60 km von dem Vulkan entfernt.

Obwohl dieser Ausbruch des Novarupta, der sich am 6. Juni 1912 auf dem Gebiet des heutigen Katmai-Nationalparks ereignete, einer der heftigsten in historischer Zeit war, gab es keine Todesopfer zu beklagen. Auch Ivan Orloff kam mit dem Schrecken davon. Insgesamt schleuderte der Novarupta 33 Milliarden Tonnen Asche und Bimsstein bis 40 km hoch in die Atmosphäre, eine Menge, die einen Würfel von 3 km Seitenlänge ausfüllen würde. Der feine Aschestaub verteilte sich in der Stratosphäre rund um den Globus und verminderte die Wärmeeinstrahlung. Die Folge: In dem darauffolgenden Jahr sank die weltweite Durchschnittstemperatur um 1 °C.

Geräusche der gewaltigen Explosion nahmen noch 1200 km entfernt die Einwohner Juneaus wahr, genauso wie einen leichten Ascheregen. Dagegen wurde das Tal am Fuße des Novarupta unter einer 200 m

Auf ihren Wanderungen flußauf müssen Lachse große Hindernisse überwinden wie hier die Brooks-Wasserfälle.

Die Küste des Katmai-Nationalparks ist meistens wolkenverhangen.

hohen Schicht aus Bimsstein und heißer Asche begraben. Als Robert Grigg 1916 mit der ersten Expedition, die die Ereignisse untersuchen wollte, in das Tal kam, sah er Tausende von Rauchsäulen aufsteigen

Rote Johannisbeeren sind einer der vielen Beerensträucher in der borealen Waldzone.

und gab dem Tal den Namen: Valley of Ten Thousand Smokes.

Die Rauchsäulen stiegen 150–300 m in die Höhe. Es handelte sich um verdampfendes Wasser, daß unter der heißen Schicht lag. Wegen dieses Naturschauspiels wurde Katmai 1918 zum National Monument erklärt und 1980 zum Nationalpark and Preserve erweitert. Die meisten Rauchsäulen versiegten schon in den ersten 20 Jahren. Später sollten der Wild- und insbesondere der Braunbärbestand durch die Gründung eines Nationalparks geschützt werden. Heute umfaßt das Schutzgebiet 16010 km^2. Aber mit seinen 15 aktiven Vulkanen im östlichen Teil des Parks an der Shelikof Strait bleibt Katmai ein Pulverfaß. Täglich zeichnen Seismographen kleine Erdbeben auf. Gelegentlich stoßen die Vulkane, Megeik, Martin und Trident Rauchfahnen aus. Denn Katmai liegt als Teil eines über 2000 km langen Vulkanbogens, bestehend aus Aleuten und Alaska-Halbinsel, direkt hinter dem Aleutengraben. Am Aleutengraben taucht die Pazifische unter die Nordamerikanische Platte und wird in 100 km Tiefe

Bärin mit ihrem zweijährigen Nachwuchs hält Siesta am Naknek Lake.

eingeschmolzen. Das geschmolzene Material steigt in das darüberliegende Gestein. Entweder kühlt es ab, dringt als Lava im ruhigen Fluß an die Erdoberfläche oder wird explosionsartig als Bims und Asche herausgeschleudert wie 1912 beim Novarupta.

Pflanzen und Tiere

Da die Baumgrenze im Katmai-Nationalpark bei etwa 300 m liegt, worauf dann Erlen (S. 45) und Zwergbirken folgen, ist ein großer Teil der Vegetation alpine Tundra. Die alpine Tundra in Katmai bringt kräftige Farben hervor: u.a. Kamtschatka-Rhododendron, Stengeloses Leimkraut (S. 14), Alpenazalee und das Enziangewächs »Glaucous Gentian« (Blüten: Juli/August). Besonders an steinigen Abhängen blühen die Glockenblume »Mountain Hareball« (Juli/August) und die weißblühende Silberwurz (S. 17). Im Spätsommer liefern Krähenbeere (S. 147), Preiselbeere (S. 18) und Alpenbärentraube (S. 146) reife Früchte.

Im borealen Wald produzieren u.a. »Highbush Craneberry« (S. 87), die Rose »Prickly Rose« (Blüte: Juni, Früchte: August/September) und Johannisbeerarten wie die »Northern Red Currant« (Blüten: Mitte Mai bis Mitte Juni, Früchte: Juli) eßbare Früchte. In der Gegend um Brooks Camp, wo sich die meisten Besucher aufhalten, setzt sich der boreale Wald aus Weißfichten, Papierbirken und Balsampappeln zusammen. U.a. blühen hier Schafgarbe, Weidenröschen (S. 126), »Wild Geranium« (Juli/August), Nordisches Labkraut (Juli) und

Bärenspuren gibt es überall im Katmai-Nationalpark.

Regenbogen über dem Valley of Ten Thousend Smokes.

Die Population des Schneeschuhhasen im Katmai-Nationalpark ist großen zyklischen Schwankungen unterworfen.

Der Storchschnabel blüht von Juni bis August. Er wächst bevorzugt an halbschattigen Standorten im Wald und auf Wiesen.

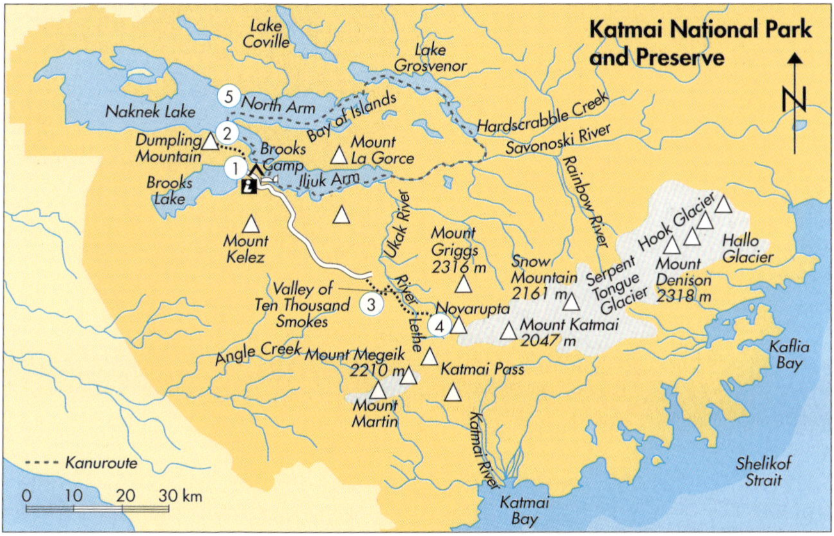

Siebenstern (Juni). Neben Moosen sprießt Bärlapp (S. 39) aus dem Boden. Schwarzfichte auf nassem Permafrostboden und Sitkafichte, die hier ihre westliche Verbreitungsgrenze hat, kommen ebenfalls in Katmai vor.

An den Flüssen haben sich zum Teil fast undurchdringliche Dickichte aus Erlen und Weiden (S. 117) gebildet. Im Norden und Westen des Parks liegen Gebiete, in denen Feuchttundra dominiert. Auf einer dünnen Schicht über gefrorenem Boden wachsen dort Weiden, Wollgräser (S. 152), Preiselbeeren (S. 18) und Sumpfporst.

80 Prozent der Besucher wollen Braunbären (S. 92) an den Wasserfällen (Brooks Falls) beim Fischen zusehen. Wenn die Lachse kommen, führen dort bis zu 35 Bären ihre individuellen Fangtechniken vor. Für wenige Wochen fügen sich die Einzelgänger in ein hierachisches System sozialer Beziehungen, in dem die besten Fangplätze aufgeteilt sind. Verebbt der Strom der Lachse, verteilen sich die Bären wieder in Wald und Tundra.

In Katmai gibt es noch weitere Gebiete, in denen im Sommer außergewöhnlich viele Bären zusammenkommen. Sie sind aber alle nur sehr schwer zugänglich. Insgesamt wird die Population der Katmaibären auf mehr als 2000 geschätzt.

In manchen Jahren wimmelt es im Wald von Schneeschuhhasen. Überall hoppeln

Die Glockenblume »Mountain Hareball« auf kargem Boden am Rande des Valley of Ten Thousand Smokes.

die braunen Langohren, die erst im Winter ihr schneeweißes Fell erhalten, durch das Unterholz. Die Füße der langen Hinterläufe sind dick mit Fell besetzt und erfüllen so die Funktion von Schneeschuhen. Sie garantieren gutes Fortkommen im tiefen Schnee. Die Populationen sind Zyklen unterworfen: Eine Population steigt über 8–11 Jahre bis zu einem Maximum an, dem dann der plötzliche Zusammenbruch folgt. Eng mit diesem Zyklus hängt um 1–2 Jahre versetzt die Anzahl der Kanadaluchse in einem Gebiet zusammen. Schneeschuhhasen stellen die Hauptbeute der scheuen Katzen dar, die man aber nur sehr selten zu Gesicht bekommt.

Weit verbreitet sind im Katmai-Nationalpark auch Elche, die größten Mitglieder aus der Hirschfamilie. Ein Elchbulle bringt es bis auf 680 kg Gewicht. Sie fressen an Seen, Flüssen sowie in der Feuchttundra neben Wasserpflanzen Blätter von Weiden, Birken und Espen. Elchkühe mit Kälbern, die zwischen Mitte Mai und Anfang Juni zur Welt kommen, sind äußerst aggressiv und halten sich in den ersten Wochen nach der Geburt gerne in den geschützteren Waldregionen auf.

Weiter kommen im Park u.a. vor: zwei kleine Karibuherden (S. 150), Wolf (S. 127), Vielfraß (S. 148), Nordamerikanischer Fischotter (S. 79), Fichtenmarder, Rotfuchs, Nordamerikanischer Baumstachler (S. 142), Kanadischer Biber (S. 80), Rothörnchen (S. 96), Mink, Wiesel, Moor- und Alpenschneehuhn (S. 138) sowie zahlreiche Entenvögel. An der schwer zugänglichen Küste finden sich Meeressäuger wie Stellers Seelöwe (S. 69) und Seeotter (S. 58). Alle 5 pazifischen Lachsarten Alaskas steigen in Katmai die Flüsse hinauf.

Im Juni steht die Wildrose »Prickly Rose« in voller Blüte, ab August trägt sie Früchte.

Nur selten zu beobachten: der Kanadaluchs.

Im Gebiet unterwegs

Der Katmai-Nationalpark hat kaum Pfade und läßt sich nur per Wasserflugzeug erreichen. Hauptanlaufpunkt ist **Brooks Camp**, wo der Park Service ein Informationszentrum unterhält. Im Sommer bieten hier Parkbiologen geführte Wanderungen an sowie allabendliche Diavorführungen. Überall – am Seeufer, im Wald, am **Brooks River** oder auf dem einzigen Campingplatz – kann man Bären begegnen.

Von Brooks Camp 2 km entfernt liegen die **Brooks-Wasserfälle** ①. Die Strecke dorthin führt über einen eingezäunten Weg. Er wurde angelegt, nachdem durch die stark angestiegene Besucherzahl immer mehr kritische Konfrontationen mit den braunen

In die Asche- und Bimssteinschicht des Valley of Ten Thousand Smokes hat sich der Lethe River tief eingeschnitten.

Die Schaufeln eines Elchbullen wiegen mehr als 20 kg.

Ungetümen auftraten. An den Wasserfällen steht eine Aussichtsplattform. Bären konzentrieren sich dort zwischen Mitte Juni und Mitte Juli und noch einmal etwa ab Mitte August, aber nicht mehr in so großer Zahl.

Von Brooks Camp steigt der **Dumpling Mountain Trail** ② (Länge: 6,5 km) auf den 744 m hohen gleichnamigen Berg, der eine schöne Aussicht über den **Naknek-See** bietet. Der Weg passiert Wald und alpine Tundra.

Im Sommer fährt täglich ein Bus oder Geländefahrzeug von **Brooks Camp** über eine 40 km lange unbefestigte Straße zum **Valley of Ten Thousand Smokes**. Am Ende der Straße liegt eine Hütte, »Overlook Cabin«: Panoramablick auf das Tal. Von hier kann man in das mit Asche bedeckte Tal wandern. Beliebt ist die Tour ③ (Länge: 15–20 km, Dauer: 5–10 Stunden) zu den einfachen Geologenhütten am **Baked Mountain** ④, in denen Wanderer übernachten dürfen, wenn die Hütten frei sind. Es gibt keinen unterhaltenen Wanderweg dorthin, sondern am Anfang nur einen ausgetretenen Pfad zum **Windy River**, der durchquert werden muß. Man setzt die Wanderung parallel zum **Lethe River** fort, der sich tief in das poröse Vulkangestein eingeschnitten hat und je nach Wetter und Tageszeit gemächlich bei niedrigem Wasserstand dahinfließt oder bei hohem Wasserstand mit lautem Getöse durch die Schlucht donnert. Da Gletscher den Fluß speisen, steigt der Wasserstand mit zunehmender Wärme im Verlauf des Tages an. Diese Faktoren bestimmen, wo sich der Fluß durchqueren läßt (Tips im Informationszentrum) und wie lange die Wanderung dauert.

VORSICHT: Ganz plötzlich können bei ruhiger Wetterlage Winde mit 100 km/h durch das Tal jagen und zusammen mit Aschepartikeln ein Sandstrahlgebläse bilden.

Vom **Baked Mountain** ④ bieten sich Tageswanderungen in die vulkanische Um-

gebung an: z. B. zum **Novarupta, Mount Katmai** oder zum historischen **Katmai Pass**, der Eskimokulturen an der Küste mit denen im Inland verband.
Oft bequemer als zu Fuß ist die Reise mit einem Boot. Von **Brooks Camp** kann man mit einem Kanu den **Savonoski Loop** ⑤ (Länge: ca. 150 km, Dauer: 5–10 Tage) durchpaddeln: Start Naknek-See (Brooks Camp), durch den Nordarm, dann eine Portage (1,6 km) zum See **Grosvenor**, weiter in den **Savonoski River** und zurück zu Brooks Camp über den **Iliuk-Arm**. Wegen der vielen Bären sollte am **Savonoski River** nicht übernachtet werden. Die Lodge in Brooks Camp vermietet Kanus.

Praktische Tips

Anreise

Tägliche Linienflüge von Anchorage nach King Salmon, dann weiter mit dem Wasserflugzeug in den Katmai-Nationalpark.
Auch von Homer und Kodiak starten Wasserflugzeuge zu 1–2 tägigen Bärenbeobachtungstouren in den Katmai Nationalpark. Wenn Sie auf eigene Faust von King Salmon einen Tagesausflug zu den Brook Falls unternehmen wollen, benötigen Sie hierfür vorab eine Reservierung/Erlaubnis von der Parkverwaltung.

Klima/Reisezeit

Die Tagestemperaturen im Sommer schwanken zwischen 13 und 19 °C. An 20 Prozent der Sommertage herrscht klares Wetter. Leichter Regen kann mitunter tagelang anhalten. Beste Reisezeit: Juni bis September.

Unterkunft

Brooks Camp hat einen Campingplatz (Reservierung notwendig, Losverfahren, Anmeldung bei der Parkverwaltung) und eine Lodge (15 Hütten mit je 4 Betten, Reservierung bei Katmailand). Erkundigen Sie sich rechtzeitig nach aktuellen Reservierungsbedingungen. Änderungen sind möglich.

Backcountry/Wildnis

Wer mehrtägige Wanderungen oder Bootstouren in Katmai unternehmen will, sollte zur eigenen Sicherheit vor dem Start das Parkhauptquartier in King Salmon oder das Informationszentrum in Brooks Camp von dem Vorhaben informieren (Route und Tag der Rückkehr).

Adressen

- Katmai National Park and Preserve, P.O. Box 7, King Salmon, AK 99613
  Tel.: 907-246-3305, Fax: 907-246-2116; www.nps.gov/katm
- Reservierungen für Campingplatz und Tagesbeobachtung
  Tel.: 1-301-722-1247, Fax: 1-301-722-1174; www.reservations.nps.gov
- Katmailand, Tel.: 907-243-5448
- Homer Chamber of Commerce Visitor Information Center
  201 Sterling Highway, P.O. Box 541, Homer Alaska 99603
  Tel.: 907-235-7740; www.homeralaska.org

10 Pribilof-Inseln

Millionen Seevögel brüten an steilen Felsen, u. a. die seltene Klippenmöwe; 80 Prozent aller Nördlichen Seebären versammeln sich im Sommer auf den Inseln.

Die Nördlichen Seebären waren bei den Russen begehrte Pelztiere. Aber die Jäger wußten nicht, wo die Robben ihren Nachwuchs bekommen. Auf der Suche nach diesem Ort, der großen Pelzreichtum versprach, segelte Gerassim Pribilov 1786 auf dem Beringmeer, als er aus dem Nebel das Gebrüll der Robben vernahm. Er hatte eine Insel entdeckt, der er den Namen seines Schiffes, St. George, gab. St. George gehört zu den 5 Pribilof-Inseln. Sie liegen mitten im Beringmeer etwa 1300 km von Ancho-rage entfernt. Die zweite heute bewohnte Insel erhielt den Namen St. Paul. Bei der Bevölkerung handelt es sich um Nachkommen von aleutischen Jägern, die erst von den Russen auf die Inseln gebracht wurden. Vorher lebten keine Menschen auf den Pribilofs. Entstanden sind die Pribilofs vor ca. 400 000 Jahren durch vulkanische Tätigkeit auf dem Meeresgrund. Das Ergebnis: steile aus dem Meer ragende Klippen (auf St. George bis zu 300 m und auf St. Paul bis zu 60 m) und erloschene Vulkankrater.

Mit massigem rund 2 m großem Körper überragt der Nördliche Seebärbulle deutlich seinen Harem.

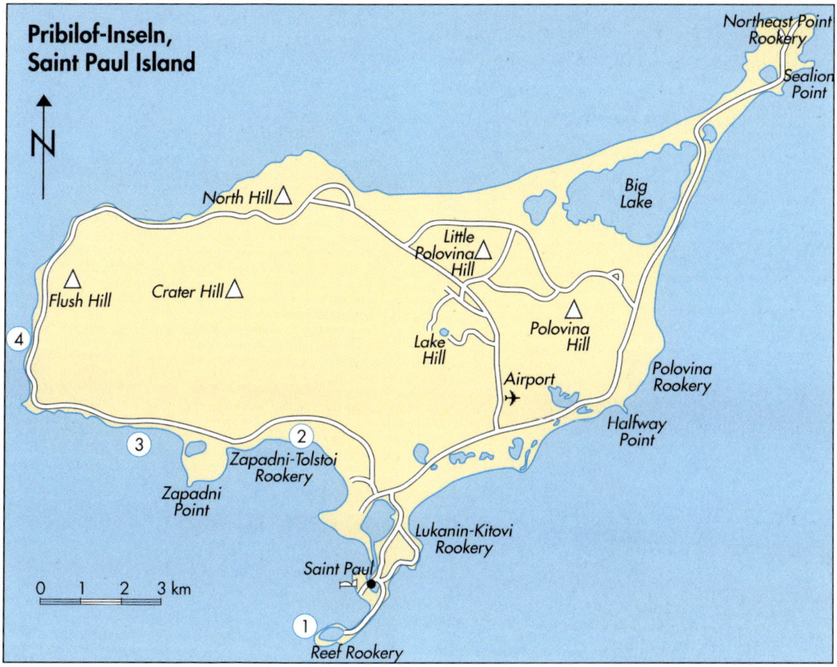

Pflanzen und Tiere

Tundravegetation bedeckt sowohl St. George als auch St. Paul. Während des kurzen Sommers blühen Blumen in der grünen Grasslandschaft, wie sie auch anderswo für Alaska typisch sind: z.B. »Chocolate Lily« (S. 61), Sibirische Aster (S. 137), »Monkshood« (S. 128) oder die gelbe »Arctic Poppy« (Juni/Juli). Aber nicht die Vegetation zieht wie ein Magnet Menschen aus aller Welt auf diese abgelegenen Inseln, sondern die gefiederten Bewohner der Pribilofs. Denn die winzigen Landflächen warten für Vogelfreunde mit Daten der Superlative auf:

- etwa 200 Vogelarten,
- eine der größten Seevogelkolonien der nördlichen Hemisphäre,
- Hauptbrutplatz der seltenen Klippenmöwe,
- weltweit eine der größten Kolonien (1,5 Mio.) der Dickschnabellumme.

Da St. George die höchsten Klippen hat, beherbergen sie auch mit 2,5 Mio. die meisten Seevögel. Jede Art beansprucht eine ganz bestimmte Etage des **Vogelfelsens** für ihr Brutgeschäft. Im oberen, mit Gras bewachsenen Teil, dort wo sich enge Röhren für die Eiablage graben lassen, fühlen sich Horn- und Gelbschopflund (S. 67) wohl. Weiter unten auf mit einzelnen Grassoden bewachsenen Felsvorsprüngen legen Trottellummen (S. 72), Dickschnabellummen und Eissturmvögel ihre Eier ab. Sowohl Dickschnabellummen als auch Eissturmvögel fliegen zur Nahrungssuche weit aufs Meer (bis zu 100 km). Während Dickschnabellummen ihre Beute gelegentlich sogar in Tiefen von 70 m suchen, fischen Eissturmvögel an der Wasseroberfläche.

Schopfalken bewohnen die unteren Etagen der Vogelklippen.

Rotschnabelalk.

Für den Eisfuchs sind Vogelklippen ein Schlaraffenland – Eier und Küken in Hülle und Fülle. Sein dunkles Sommerfell (ganz rechts) wird im Winter schneeweiß (rechts).

Fast die gesamte Weltpopulation der seltenen Klippenmöwe brütet auf den Pribilofs.

Dickschnabellummen legen kreiselförmige Eier, die nicht so leicht vom Felsen rollen.

Mitte oben:
Ein buntes Gemisch von Vogelarten brütet in den Klippen. Jede Art bevorzugt ganz bestimmte Etagen.

Eissturmvögel fliegen zur Nahrungssuche weit auf das Meer hinaus.

In den nächsten Etagen auf kleinen schmalen Vorsprüngen brüten Klippenmöwen, Dreizehenmöwen (S. 66) und Rotgesichtsscharben. Die Klippenmöwen lassen sich gut an ihren roten Beinen erkennen. 97 Prozent der Weltpopulation dieser seltenen Möwe brütet auf St. George. Die Rotgesichtsscharbe mit dem auffälligen roten Gesicht fischt nicht weiter als 5 km von den Klippen entfernt und beginnt schon im Mai mit dem Nestbau auf den Pribilofs. Noch ein Stockwerk tiefer, an den nicht

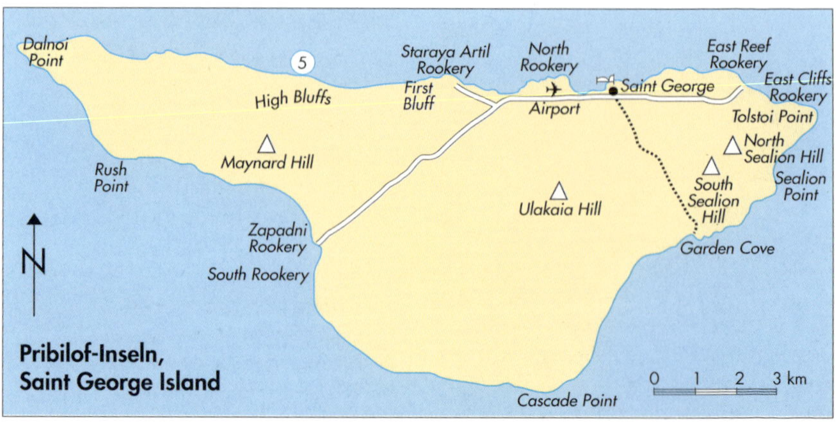

mehr so steilen, mit Geröll angehäuften unteren Abschnitten, sitzen Schopf-, Zwerg- und Rotschnabelalken. Der Rotschnabelalk legt 1–2 Eier und taucht nach kleinen Krebstieren.

Allerdings die häufigste Vogelart zwischen Juni und September ist der Kurzschwanz-Sturmtaucher, der auf den Pribilofs nicht brütet, aber das reiche Nahrungsangebot an Fischen und Krustentieren vor der Küste nutzt.

Auf den Vogelfelsen lebt auch der Eisfuchs, ein geschickter Kletterer, der im Sommer einen reich gedeckten Tisch vorfindet: Vogeleier, Küken oder auch ausgewachsene Vögel. Er wurde wahrscheinlich einmal auf Eisschollen zu den Pribilofs verdriftet. Andere Vogeljäger sind an einigen Küstenabschnitten Stellers Seelöwen.

Hauptsächlich an den flacheren Küstenabschnitten und steinigen Stränden von St. Paul kann der Besucher eine weitere Attraktion der Pribilofs beobachten: über 1 Mio. Nördlicher Seebären. Im Mai kommen die ersten Bullen und grenzen ihre Reviere ab. Sie scharen 30–100 Weibchen um sich, die trächtig im Laufe des Juni die Pribilofs erreichen. Schon 48 h nach ihrer Ankunft bringen sie jeweils 1 Junges zur Welt. Danach paaren Sie sich wieder. Ab November verlassen die Seebären die Inseln und verbringen die Monate bis zum folgenden Sommer auf dem Ozean zwischen Alaska und Kalifornien.

Im Gebiet unterwegs

Vogelfelsen und Seebärkolonien sind mittels 43 Straßenkilometer an der Küste rund um St. Paul sowie 16 Straßenkilometer auf St. George leicht zugänglich. Vor den Seebärkolonien stehen Beobachtungsstände, damit ein Mindestabstand gewahrt bleibt, um die Tiere nicht zu stören. Ca. 2 km von dem Ort St. Paul (auf der Insel St. Paul) entfernt liegt **Reef Rookery** ①. Hunderte von Seebären tummeln sich dort auf den Steinen oder schwimmen davor im Wasser. Ein weiterer solcher Beobachtungspunkt ist **Zapadni-Tolstoi Rookery** ②, etwa 5 km von St. Paul. Fährt man die Straße von diesem Beobachtungspunkt weiter nach Westen, so trifft man auf **Vogelfelsen** ③, ④. Die Insel St. Paul hat nur etwas mehr als 2 km Küstenklippen, die an 60 m heranreichen. St. George dagegen besitzt 33 km Klippen, die höher als 60 m sind. Der größte Vogelfelsen ragt 300 m aus dem Meer: High **Bluffs** ⑤ (ca. 8 km von dem Ort St. George entfernt).

Praktische Tips

Anreise

Flug von Anchorage.

Klima/Reisezeit

Sommertemperaturen schwanken gewöhnlich zwischen 3 und 11 °C. Die höchste gemessene Temperatur betrug 18 °C. Man muß mit Regen und starken Winden rechnen. Bewölkte oder neblige Tage sind die Regel. Beste Reisezeit: Juni bis August.

Unterkunft

Je ein Hotel in den Orten St. Paul und St. George.

Adressen

- Tribal Governments' Ecosystem Offices
  Tel.: 907-546-2641 (St. Paul)
  Tel.: 907-859-2205 (St. George)
- Alaska Maritime National Wildlife Refuge
  Tel.: 907-546-2210 (St. Paul)
  Tel.: 907-859-2233 (St. George)
  Tel.: 907-235-6961 (Homer)

11 Wrangell-St.-Elias-Nationalpark

Fast 5000 m hohe Vulkane; mehr als 70 Gletscher; 9 der 16 höchsten Berge der USA; breite Ströme wie der Copper; Dallschafe, Schneeziegen und Bisons.

Etwa 19 000 Dallschafe klettern in den nördlichen Gebirgsregionen des Nationalparks.

Der Größte, der Längste, der Höchste sind Superlative, die wohl in keiner von Alaskas Nationalparkbeschreibungen so oft vorkommen wie beim Wrangell St. Elias National Park and Preserve, dem mit Abstand größten Nationalpark in den USA. Mit über 53 000 km² dehnt sich vom Richardson Highway bis zur kanadischen Grenze ein Wildnisgebiet aus, das größer ist als die Schweiz. Auf kanadischer Seite schließen sich dann mit dem Kluane-Nationalpark weitere 22 000 km² geschützter Berge und Gletscher an. 3 mächtige Gebirgsketten durchziehen den Wrangell-St.-Elias Nationalpark: die vulkanischen Wrangell-, die St.-Elias- und die Chugach-Berge.

Mount Drum, ein Vulkan der Wrangell-Berge, war zuletzt vor 250 000 Jahren aktiv.

Tektonische Kräfte (Wrangellia-Terran, s. S. 12), Vulkanismus und Gletscher gestalteten den Park, ein Prozeß der immer noch stattfindet. Einige der weltweit höchsten Vulkane sind Teil der Wrangell-Berge wie z. B. Mt. Sanford (4949 m). Aktivität zeigt allerdings nur Mt. Wrangell (4317 m), aus dessen Krater gelegentlich Rauchfahnen aufsteigen. Untersuchungen haben gezeigt, daß die Menge freiwerdender Hitze aus diesem Krater zugenommen hat. Ob sich damit vielleicht ein Ausbruch ankündigt, vermag niemand zu sagen. 2 gewaltige, explosive Eruptionen ereigneten sich in den Wrangell-Bergen vor 1300 bzw. 1900 Jahren.

Gletscher der Wrangell-Berge bedecken mehr als 8000 km², unter ihnen Nordamerikas längster Talgletscher im Inland: der 80 km lange Nabesna-Gletscher. Weitere Gletscher entspringen den St.-Elias- und Chugach-Bergen. Sie bilden eine riesige zusammenhängende Eisfläche im Süden an der Küste: u.a. Malaspina-Gletscher (s.S. 14), Hubbard-Gletscher und Bagley-Eisfeld. Damit befindet sich im Park die größte Gletscherkonzentration auf dem amerikanischen Kontinent. Einer der gewaltigsten, der Hubbard, machte 1986 Schlagzeilen, als sein Ende über 1 km weiter vordrang und den Ausgang des Russell-Fjords versperrte.

Zu den St.-Elias-Bergen auf dem Gebiet der USA gehört auch der Mt. St.Elias (5489 m), Alaskas zweithöchster Berg. Sein schneebedeckter Gipfel war das erste, was die Expedition unter Vitus Bering 1741 von Alaska zu Gesicht bekam, als sie durch den Golf von Alaska segelte. Den Berg entdeckte die Expedition am Tage des Heiligen Elias, dessen Namen er dann später auch erhielt.

Rund 30 Weidenarten gibt es in Alaska. An Flußläufen wachsen zum Teil undurchdringliche Weidendickichte.

»Soapberry«, ein Ölbaumgewächs, trägt im August rote, bitter schmeckende Beeren.

Bisons am Copper und Chitina River stammen von Tieren aus Montana ab.

Blick auf den Copper River vom Edgerton Highway.

Zwergbirke.

Pflanzen und Tiere

Da sich der Park vom Pazifischen Ozean bis nach Zentralalaska erstreckt, enthält er auch mehrere Vegetationszonen, in denen fast alles zu finden ist, was es in Alaska an Pflanzen und Säugetieren gibt.

Während auf den wenigen eisfreien Flächen an der Küste Regenwald (s.S. 16) wuchert, dominiert im Inneren des Parks oberhalb der Baumgrenze zwischen 600 und 900 m alpine Tundra mit den typischen Blütenpflanzen (s.S. 130). Auf steinigen Abhängen sprießt die Silberwurz (S. 17) großflächig in dichten Matten. Niederungen und Flußtäler bedeckt borealer Wald aus Schwarzfichten, Weißfichten, Birken, Espen und Balsampappeln (s.S. 140). An Flußläufen wachsen Balsampappeln, Weiden und Erlendickichte. In der Übergangszone zwischen borealem Wald und alpiner Tundra stehen ebenfalls Erlen und außerdem niedrige Sträucher wie z. B. Zwergbirke und »Soapberry«. »Soapber-

Mt. Blackburn, mit 4996 m der höchste Gipfel der Wrangell-Berge.

ry« (Blüte: Mai, Früchte: August), auf deutsch Seifenbeere, ist an steinigen, trockenen Hängen häufig anzutreffen. Die Athabasken-Indianer genießen die bitteren, saponinhaltigen Früchte in gesüßter Form als Dessert. Aber auch der Grizzly weiß die roten Beeren zu schätzen. Mitunter hinterläßt er Spuren seiner letzten Mahlzeit – unvollständig verdaute Beerenausscheidungen – zwischen den Sträuchern.

An den Gebirgshängen klettern Dallschafe und Schneeziegen. Während Dallschafe den Norden des Parks bevorzugen (geschätzter Bestand: 19 000), dominieren Schneeziegen im Süden der St.-Elias-Berge, wo sie in Höhen bis 3000 m hinaufsteigen. Zusammen mit ihrem Nachwuchs und jungen Schneeziegen ziehen Mütter oft in kleinen Herden umher. 2 Herden eines anderen Huftieres im Wrangell-St.-Elias-Nationalpark stellen für Alaska eine Besonderheit dar: Bisons an den Flüssen Copper und Chitina. Sie stammen von 20 Tieren aus Montana ab, die 1928 in Alaska angesiedelt wurden. Des weiteren äsen in den Niederungen und Flußtälern Elche, ziehen Schwarzbären und Wölfe umher sowie verschiedene kleine Säugetiere.

Mehr als 200 Vogelarten kommen im Nationalpark vor. Das Spektrum reicht von typischen Arten des borealen Waldes (s.S. 126) bis zu den Seevögeln an der Küste. Im Gebirge kann man Steinadler (S. 126) kreisen sehen oder Alpenschneehühner (S. 138) beobachten. Häufige Vögel, die in der Tundra brüten, sind z. B. die Falkenraubmöwe und der Amerikanische Goldregenpfeifer. Letzterer überwintert u.a. auf den Hawaii-Inseln, die er im Nonstop-Flug erreicht.

Im Gebiet unterwegs

Trotz der Ausmaße des Nationalparks gibt es kaum markierte Wanderwege, die durch die Wildnis führen. Ausgetretene Wege stammen vielleicht von Jägern (im Preser-

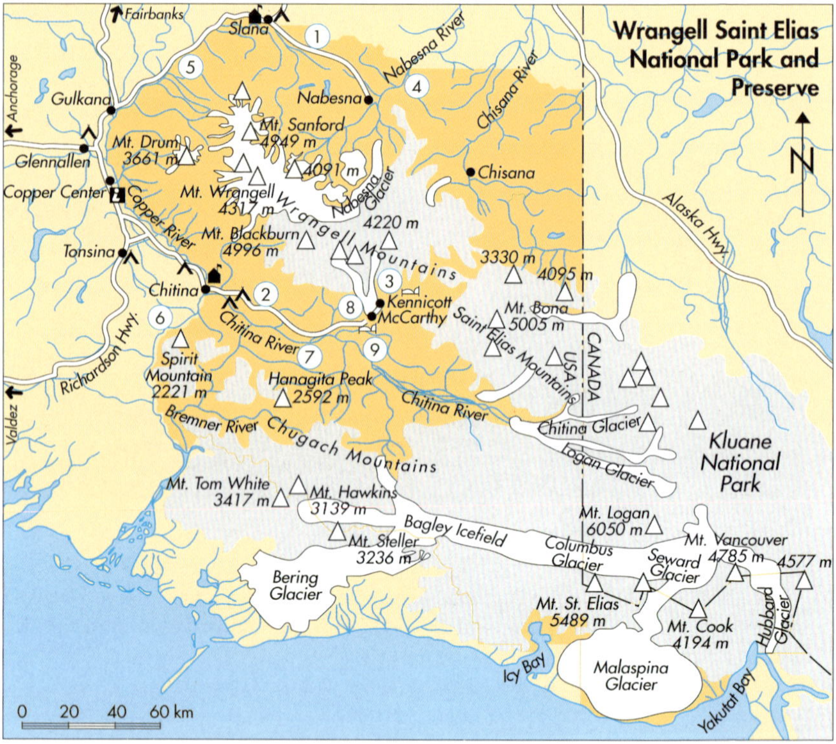

ve) oder Wild. Diese Pfade verlieren sich aber meist irgendwo im Gestrüpp. Nur 2 unbefestigte Schotterstraßen – Relikte aus vergangenen Bergwerkstagen – ermöglichen den Eintritt in den größten Nationalpark der USA.

In den nördlichen Teil des Parks dringt 72 km tief die **Nabesna Road** ① ein. Sie zweigt bei **Slana** vom Tok Cutoff Glenn Highway ab und endet in der Bergbaustadt **Nabesna.** Erkundigen Sie sich nach dem Zustand der Straße in der Rangerstation in Slana, bevor Sie sich auf den Weg machen. Von der Straße aus gibt es schöne Ausblicke auf **Mt. Sanford** und den **Copper-Gletscher** sowie gelegentlich Beobachtungsmöglichkeiten von Karibu (S. 150) und Elch (S. 108).

Direkt in das Herz des Parks zur alten Bergwerksstadt McCarthy führt die **McCarthy Road** ② (Länge: 94 km). Es handelt sich um einen ehemaligen Schienenweg, auf dem Kupfer aus der Mine in **Kennicott** nach Cordova an die Küste transportiert wurde. Ausgespülte Bahnschwellen machen die Fahrt auf der Straße zu einer Holperpartie. (Über Straßenzustand geben Ranger in Chitina Auskunft.) Die McCarthy Road endet am **Kennicott River** (Endstation für das Auto). Um in den Ort **McCarthy** zu gelangen, muß der Fluß auf einer Fußgängerbrücke überquert werden.

Von **McCarthy** starten ein- oder mehrstündige Rundflüge über die Gletscherlandschaft der Umgebung. Eine Schotterstraße steigt zur ehemaligen Kupferbergbaustadt **Kennicott.** Die Mine, die etwa 800 Arbeiter beschäftigte, stellte 1938 die Kupferförderung ein. Geblieben ist eine Geisterstadt aus alten roten Holzgebäuden. Von Kennicott parallel zum **Root-Gletscher** läuft ein Pfad ③ am Hang entlang über Silberwurzteppiche, Erlen-/Weidendickicht und Tundra. Er bietet beeindruckende Panoramablicke auf **Root-** und **Kennicott-Gletscher** sowie **Mt. Blackburn.**

Wer wandern will, startet meist von Punkten entlang der **Nabesna** ① oder **McCarthy Road** ②. Genaue Beschreibungen einiger beliebter Routen (sie verlaufen in der Regel querfeldein) erhalten Sie im Parkhauptquartier (Richardson Highway, nördlich von Copper Center) oder in den Rangerstationen. Auf eine andere Art erschließen Rafting- und Kanutouren die rauhe Wildnis des Nationalparks. Wer nicht über die notwendige Erfahrung verfügt, kann solch ein Flußabenteuer bei einem privaten, lizensierten Veranstalter

Schneeziegen sind wahre Kletterkünstler und halten sich überwiegend in den südlichen Gebirgen des Parks auf.

buchen (Liste vom Parkhauptquartier anfordern).

Beliebte Flüsse: Der **Nabesna River** ④ wird vom gleichnamigen Gletscher gespeist und fließt nach Norden durch das

In der alten Mine Kennicott wurde bis 1938 Kupfer gefördert.

Tetlin National Wildlife Refuge (s.S. 156) in den Tanana River (Start bei Nabesna, Ausstieg: Alaska Highway, Dauer: 3 Tage). Der **Copper River** ⑤, ⑥ (s.S. 14) bildet die westliche Parkgrenze. Der erste Teil ⑤ von **Slana** bis nach **Chitina** dauert etwa 4–5 Tage, der zweite Teil ⑥ von **Chitina** bis zur **Mündung** noch einmal so lange. Gute Chancen viele Tiere zu sehen, hat man während das Boot auf dem schnell fließenden Wasser des **Chitina River** ⑦ flußabwärts getragen wird (Elche, Bisons oder Braunbären an Mündungen von klaren Flüssen). Das trübe Gletscherwasser des Chitina River legt von seinem Ursprung bis zum Copper River 180 km zurück. Startpunkt für eine Flußfahrt ist z. B. Jake's Bar, 96 km entfernt vom Copper River (Transport mit Flugzeug notwendig). Sie dauert ca. 4 Tage. Weitere 3–4 Tage kommen hinzu, wenn man im **Kennicott River** ⑧ bei McCarthy beginnt und über den **Nizina River** ⑨ durch eine tiefe Schlucht in den Chitina River gelangt.

Praktische Tips

Anreise

McCarthy und Nabesna Road sind von Anchorage über Glenn, Richardson und Tok Cutoff Highway zu erreichen. Busservice: Anchorage – Glennallen; Kleinbusse: Glennallen – McCarthy; Regelmäßige Flüge: Anchorage – Glennallen – McCarthy, Anchorage – Yakutat, Chitina – McCarthy. Von Glennallen, Chitina, McCarthy oder Yakutat starten Lufttaxis zu einer der über 100 »Buschlandepisten« innerhalb des Parks.

Klima/Reisezeit

Sommerwetter an der Küste: feucht und kalt (Höchsttemperaturen um die 15 °C). Sommerklima im zentralen Teil: Kühle bewölkte Tage wechseln mit klaren heißen Tagen, an denen im Juli in der McCarthy-Gegend das Thermometer bis auf 28 °C klettern kann. Aber auch im Sommer sind Nachtfröste nicht ungewöhnlich.
Beste Reisezeit: Mai bis September.

Unterkunft

Der National Park Service unterhält keine Campingplätze. Privatplätze an der McCarthy Road sowie State-Park-Campingplätze an den Straßen außerhalb des Nationalparks. Hotel/Lodge in McCarthy und Kennicott (Reservierung!) sowie private Unterkünfte (Lodge) entlang Nabesna und McCarthy Road.

Adressen

- Wrangell-St. Elias National Park and Preserve
  P.O. Box 439, Copper Center, AK 99573-0439
  Tel.: 907-822-5234 (Hauptstelle), Tel.: 907-822-5238 (Ranger Station in Slana)
  Tel.: 907-823-2205 (Ranger Station in Chitina)
  Tel.: 907-784-3295 (Ranger Station in Yakutat)
  www.nps.gov/wrst

VORSICHT!
Wanderungen auf Gletschereis sind gefährlich, wie hier auf dem Root-Gletscher bei Kennicott.

Mount McKinley, der höchste Berg Nordamerikas, inmitten schneebedeckter Gipfel der Alaska-Kette; zwei Vegetationszonen prägen den Park: borealer Wald und Tundra; großer Wildreichtum; Grizzlys, Karibus, Elche und Dallschafe können fast immer beobachtet werden.

Wer von Europa über die Nordroute nach Alaska kommt, fliegt an einem mächtigen schneebedeckten Granitberg vorbei, dem Mount McKinley. Er ist mit 6194 m die höchste Erhebung Nordamerikas. Wie ein gewaltiger Thron steht er im Denali National Park and Preserve (24 300 km²) und ragt über die anderen ihn umgebenden Gipfel der Alaska-Kette empor. Die Athabasken-Indianer gaben ihm deshalb den Namen Denali (= »der Große«), den 1980 der ganze Nationalpark erhielt.

Direkt durch den Nationalpark läuft die Denali-Störungszone. Es handelt sich um den größten Bruch in der kontinentalen Kruste Nordamerikas, der sich auf über 900 km quer durch Alaska zieht. Vor etwa 65 Mio. Jahren deformierten tektonische Kräfte entlang der Störungszone die Kruste. Die Folge war die Geburt der Alaska-Kette. Noch heute steigt das Gebirge weiter empor. Zu Beginn dieses Prozesses erstarrte Magma an der Erdoberfläche zu vulkanischen Gesteinen oder in großer Tiefe zu Granit. Da außerdem im Park Terrane unterschiedlicher Herkunft zusammentreffen, findet man ein Sammelsurium von Gesteinsarten: Mit den Bergen McKinley, Foraker, Hunter und Moose's Tooth besitzt die Alaska-Kette einen Granitkern, während die anderen Berge im wesentlichen aus umgewandeltem Sedimentsgestein bestehen, das ursprünglich aus Ablagerungen eines Meeres stammte.

Vulkanischen Ursprungs, etwa 60 Mio. Jahre alt, sind dagegen die farbigen Steine am Polychrome Pass. Im Norden des Parks findet sich Schiefergestein, das zum Yukon-Tanana-Terran gehört. Die ältesten Blöcke dieses Terran entstanden vor 1 Milliarde Jahren.

Die Ernennung zum Schutzgebiet verdankt der Denali-Nationalpark dem Naturforscher und Jäger Charles Sheldon. Dieser verbrachte in den Jahren 1906 bis 1908 viel Zeit in dem Gebiet und war so von dem Wildreichtum angetan, daß er sich für die Errichtung eines Nationalparks einsetzte – mit Erfolg. 1917 deklarierte der Präsident Woodrow Wilson das Gebiet zum McKinley-Nationalpark, der 1980 erweitert und

Häufig in der alpinen Tundra des Denali-Nationalparks: Arktische Erdhörnchen.

Oben:
Westlich von Wonder Lake – hügeliges und flaches Land, durchsetzt mit Flüssen, Seen und Tümpeln.

Unten:
Blick vom Polychrome Pass auf die Alaska-Kette.

Steinadler ernähren sich im Denali-Nationalpark zu 90 Prozent von Arktischen Erdhörnchen.

Die Rauschbeere – die in Alaska am weitesten verbreitete *Vaccinium*-Art – hat etwa im August reife Beeren.

Waldweidenröschen dehnen sich meist großflächig aus. Auf abgebrannten Flächen gehören sie zu den Pionierpflanzen.

zum Denali National Park and Preserve umbenannt wurde. Die UNESCO schließlich erhob das wertvolle subarktische Schutzgebiet 1982 in den Rang eines internationalen Biosphärenreservats. Heute gehört der Denali-Nationalpark mit jährlich rund 400 000 Besuchern zu den beliebtesten in Alaska.

Pflanzen und Tiere

Beliebt ist der Denali-Nationalpark vor allen Dingen wegen seiner großen Wildtiere. Wo sonst kann man in freier Wildbahn Grizzly, Karibu und Dallschaf mit einer Wahrscheinlichkeit von 95 Prozent und Elche mit einer Wahrscheinlichkeit von 82 Prozent beobachten? Außerdem gibt es noch viel mehr zu entdecken. In den beiden Vegetationszonen des Parks – borealer Wald und Tundra – haben Biologen mehr als 430 Pflanzenarten, 37 Säugetierarten und 159 Vogelarten festgestellt.

Die Umgebung am Parkeingang und weitere, tiefer gelegene Gebiete bestehen aus **borealem Wald** – eine Vegetationszone, die auch den russischen Namen Taiga trägt. Charakteristisch für diesen Waldtyp sind Weiß- und Schwarzfichte. Weißfichten bevorzugen gut entwässerte Standorte. Schwarzfichten dominieren auf nassem Untergrund, der im Sommer auf ebenem Permafrostboden entsteht. Daneben kommen Erlen, Papierbirke, Espen an trockenen Hängen sowie Balsampappel und Weiden entlang von Flußläufen vor.

Im Untergrund, entlang von Pfaden und an Lichtungen, blühen Schafgarbe, Sibirische Aster (S. 137), Alpentragant (Juni/Juli), Waldweidenröschen (Juli/August), die Wintergrünart »Large-flowered Wintergreen« (Juni bis Anfang Juli), die Enzianart »Four-parted Gentian« (Juli), Erdglöckchen (Mitte Juni bis Anfang August), die Baldrianart »Capitate Valerian« (Juni/Juli), die Rosenart

Wölfe

Wenn das Heulen des Wolfes durch einsame Täler hallt, dann löst das in Alaska weder Furcht noch Schrecken aus, wie das europäische Märchen und Mythen darstellen. Alte Ängste haben in den Köpfen vieler Menschen inzwischen Bewunderung Platz gemacht für ein Tier, das wie kein anderes in Alaska intakte nordische Wildnis repräsentiert. Denn ein großer stabiler Wolfsbestand benötigt einen weiten Lebensraum, den er in besiedelten Regionen nicht mehr zur Verfügung hat.

In Alaska durchstreifen etwa 7500 Wölfe Wald und Tundra. Davon werden jedes Jahr legal rund 1000 von Trappern und Jägern wegen des Felles erlegt. Das Fell kann recht unterschiedliche Färbungen haben, von schwarz bis nahezu weiß, und dazwischen alle Grauschattierungen gemischt mit Brauntönen annehmen. Obwohl man Wölfe in Alaska nur selten zu sehen bekommt, sind sie fast im gesamten 49. Bundesstaat präsent. Sie leben in Rudeln von 6–12 Tieren. Aber es gibt auch Berichte über Zusammenschlüsse von 30–40 Wölfen. Die meisten Rudel jagen in einem festen Revier, das je nach Nahrungsbedingungen eine Fläche von 500–2000 km² einnehmen kann.

Der Wolfsbestand ist eng an die Zahl der Karibus und Elche, der Hauptbeute im Jagdrevier, geknüpft. In einigen Regionen spielen Dallschafe und Schwarzschwanz-Maultierhirsche diese Hauptrolle. Nach Untersuchungen erlegen Wölfe in erster Linie junge, kranke und alte Tiere. Nur wenn ihnen keine andere Möglichkeit bleibt, gehen sie das Risiko ein, bei der Jagd eines ausgewachsenen gesunden Elches verletzt oder getötet zu werden. Biologen fanden heraus, daß Wölfe, die im wesentlichen von Elchen leben, alle 3–8 Tage ein Tier erlegen. Hängen sie von den Karibuherden ab, machen sie alle 1–3 Tage Beute. Daneben fressen sie grundsätzlich auch kleine Säugetiere wie Wühlmäuse, Lemminge und Arktische Erdhörnchen und gelegentlich sogar Vögel und Fische.

Innerhalb eines Rudels regelt eine feste Hierachie das Zusammenleben – Kämpfe sind die Ausnahme. Jagden werden von dem ranghöchstem Tier angeführt.

Mai/Anfang Juni werfen trächtige Wölfinnen etwa 4–7 Junge in einer Höhle, die die Kleinen in den ersten 3 Wochen nicht verlassen. Entfernt sich die Mutter einmal für kurze Zeit, spielen andere Wölfe den Babysitter. Anfang Winter ist der Nachwuchs bereits in der Lage, mit dem Rudel auf die Jagd zu gehen.

Blau leuchten im Juli/August die Blüten des Eisenhuts »Monkshood«.

Das Berghähnlein wächst auf alpinen Wiesen. Seine weißen Blüten sieht man von Juni bis Mitte August.

Das Vergißmeinnicht –
die Staatsblume von Alaska.

Roter Steinbrech –
eine Pflanze der alpinen Tundra.

»Prickly Rose« (S. 106), Sumpfporst; auf feuchten Wiesen: die Kuckucksblume »Northern Green Orchid« (Juli), der giftige Rittersporn »Larkspur« (S. 140), Herzblatt (Juli/August), das Sperrkrautgewächs »Tall Jacob's Ladder« (Juli/August), die Pestwurzart »Frigid Coltsfoot« (Ende Mai bis Mitte Juni).

Beeren liefern u.a. im Spätsommer und Herbst folgende Pflanzen der Taiga: Krähenbeere (S. 147), Preiselbeere (S. 18), Rote Johannisbeere (S. 102) und die in Alaska am weitesten verbreitete *Vaccinium*-Art: die Rauschbeere (blüht Ende Mai bis Juni).

Ein großer Teil der Säugetiere hält sich immer oder zeitweise im Wald auf. Häufig zu sehen sind hier aber vor allen Dingen die kleinen Bewohner: Rothörnchen (S. 96) und Wühlmäuse. Ihnen und anderen kleinen Säugetieren stellen Fichtenmarder, Wiesel, Rotfuchs, Sumpfohreule, Sperbereule und Habicht nach. An einigen Weißfichten kann man die Spuren von Nordamerikanischen Baumstachlern (S. 142) erkennen, die sich über die Rinde hergemacht haben, oder man entdeckt die Losung eines Elches (S. 108), der junge Birkenzweige verspeist hat. Keine Spuren verraten die Anwesenheit des Kanadaluchses (S. 106), der Jagd auf Schneeschuhhasen (S. 104) macht. Der Virginia-Uhu nistet in großen Weißfichten und brütet dort bei noch sehr niedrigen Temperaturen zwischen März und April. Von den Vögeln sind hier u.a. Rauhfußkauz, Tannenhuhn, Wanderlaubsänger, Dreizehenspecht, Wander-, Halsband- und Grauwangendrossel, Schwarzkopf- und Hudsonmeise, Junko, Bindenkreuzschnabel und Rubingoldhähnchen zu Hause. Kolkrabe, Elster, Meisenhäher und Moorschneehuhn bleiben auch den Winter über da.

Die Baumgrenze im Denali-Nationalpark liegt bei etwa 800 m. Der größte Teil des

Der Virginia-Uhu brütet bereits im März/April bei noch sehr niedrigen Temperaturen.

»Beautiful Jacob's Ladder« bevorzugt trockene und felsige Standorte.

Breit ausgeschliffene Flußbetten durchschneiden die Tundralandschaft am Polychrome Pass.

Parks befindet sich oberhalb dieser Grenze und ist mit **Tundra** bedeckt. In der Feuchttundra der Täler dominiert ein hüfthohes Dickicht, u.a. aus Zwerkbirken (S. 118), Weiden (S. 117) und Rauschbeeren. Etwa ab Ende August verwandeln sich die Grüntöne dieser dichten Vegetation in gelbe, orange und rote Farben.

Die Berg- oder alpine Tundra der Hänge wird von trockenen und wesentlich kälteren Bedingungen bestimmt. Im Juni und Juli übersäen blaue und rote Farbtupfer die grüne alpine Tundra. Rot blühen Stengelloses Leimkraut (S. 14), Roter Steinbrech (Anfang Mai bis Anfang Juni), Alpenazalee, Lappenrose (Ende Mai bis Mitte Juni), Wolliges Läusekraut; blau die giftige Eisenhutart »Monkshood« (Juli/August), Arktische Lupine (Juni bis Anfang Juli), Alpenvergißmeinnicht (je nach Standort Ende Mai bis Anfang August), die Glockenblumenart »Mountain Harebell« (S. 105) und »Wild Geranium« (Ende Juni bis August). Außerdem wachsen in der alpinen Tundra Alpenbärentraube (S. 146), Krähenbeere (S. 147), Preiselbeere (S. 18), Rauschbeere und Sumpfporst.

In unterschiedlichen Tundra-Lebensräumen Denalis lassen sich Grizzlybär, Elch (S. 108), Dallschaf (S. 116), Karibu (S. 150), Arktisches Erdhörnchen, Eisgraues Murmeltier (S. 84), Pika (S. 84), Lemminge (s. S. 149), Kanadischer Biber (S. 80), Bisamratte, Rotfuchs, Wolf, Steinadler und Alpenschneehuhn (S. 138) beobachten.

Im Gebiet unterwegs

Eine Straße, die vom George Parks Highway abzweigt, führt bis zum Wonder Lake etwa 140 km in den Park hinein. Bis auf die ersten 24 km ist diese Straße für den privaten Verkehr gesperrt. Shuttle-Busse bieten die Möglichkeit, die ganze Strecke zu erkunden (Reservierung notwendig). Eine Fahrt vom Besucherzentrum bis zum Wonder Lake dauert hin und zurück etwa 11 h. Man hat die Möglichkeit, jederzeit auszusteigen, um eine Tageswanderung zu unternehmen. Im Besucherzentrum erhalten Sie Fahrkarten für die Busse, Genehmigungen für mehrtägige Wildnisaufenthalte, Reservierungen für einen der Campingplätze, Karten- und aktuelles Informationsmaterial, Informationen über von Parkbiologen geführte Wanderungen und abendliche Vorträge.

Im Nationalpark werden keine Wanderwege unterhalten. Eine Ausnahme sind mehrere kurze Wege in der Region am Eingang des Parks ①. Sie bieten eine gute Möglichkeit, die Taiga kennenzulernen. Die Wege sind gut ausgeschildert und leicht zu finden. Dort beginnt der **Morino Loop Trail,** ein bequemer 2 km langer Rundgang, genauso wie ein anderer ebenso langer Rundgang, der **Taiga Loop Trail.**

Anstrengender ist der **Mount Healy Overlook Trail** (hin und zurück 3–4 h). Er startet an der »Service Road«, auf die der Taiga Loop Trail nach etwa 400 m stößt. Über eine Länge von 3 km überwindet der Weg 500 Höhenmeter und führt von Taiga- in Tundravegetation. Biberburg und -damm gibt es im **Horseshoe Lake** am Ende des gleichnamigen rund 1 km langen Weges. Er geht bei Meile 0,9 von der Park Road ab. Eine längere Wandermöglichkeit (6,5 km) bietet der kombinierte Rundgang: **Rock Creek Trail, Meadow View Trail** und **Roadside Trail.** Startpunkt: Park Road in der Nähe des Park Headquarters.

Wenn Sie einen »Shuttle Bus« am Besucherzentrum besteigen und die ganze Straße bis zum Wonder Lake fahren, werden Sie viele Höhepunkte des Denali-Nationalparks kennenlernen. Wann immer es etwas

Ein Karibubulle durchquert einen der zahlreichen Flußläufe im Denali-Park.

An den seltenen klaren Tagen beherrscht Mt. McKinley (6194 m),
der höchste Berg Nordamerikas, hier im Sonnenaufgang, die Landschaft.

Grizzlys ernähren sich zu 90 Prozent von Pflanzen und haben im Nationalpark meist ein blondes Fell.

In vielen kleinen Seen zwischen Eielson und Wonder Lake sieht man Biberburgen.

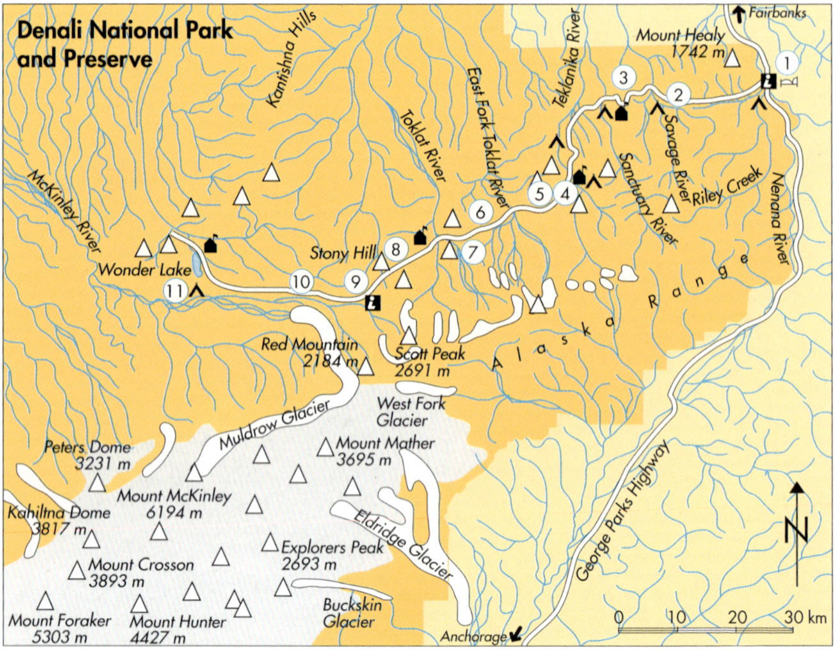

besonderes zu sehen gibt, hält der Bus. Die ersten 11 km gehen durch Taiga. Im Dickicht äsen manchmal Elche. Besonders im Frühjahr, wenn sie ihre Kälber bekommen haben, ziehen sich die Elchkühe in den Wald zurück. Bei klarem Wetter erscheinen nach 17 km ② auf der linken Seite Nord- und Südgipfel des **Mount McKinley.** Tundra bestimmt jetzt die Landschaft. Nach 24 km an der Brücke über den **Savage River** ist dann die Straße für den Privatverkehr gesperrt. Rechts führt der **Savage River Loop Trail** am gleichnamigen Fluß in das Tal hinein. Auf den umliegenden Abhängen sind häufig Dallschafe zu sehen, genauso wie auf der **Primrose Ridge** ③; ein Bergkamm zwischen Kilometer 25 und 30 geeignet für eine Tageswanderung, um mit den Pflanzen der alpinen Tundra Bekanntschaft zu machen. Am Ende der Primrose Ridge überquert der **Sanctuary River** die Straße. Ihm folgen zum Teil Denalis Karibus zu ihrem Überwinterungsgebiet südlich der Alaska-Kette. Dort bringen sie im Frühjahr ihren Nachwuchs zur Welt und wandern danach wieder zurück in ihr Sommergebiet, das sich parallel der Straße zwischen Sanctuary River und Wonder Lake erstreckt.

Bei Kilometer 53 liegt rechts **Igloo Mountain** ④ und links der Straße **Cathedral Mountain.** Hoch oben an den Hängen beider Berge bewegen sich häufig weiße Punkte. Es handelt sich um Dallschafe, von denen im Denali-Nationalpark etwa 2500 leben.

Nach 61 km windet sich die Straße über den 1170 m hohen **Sable Pass** ⑤. Das Gebiet um den Sable Pass ist wegen seiner vielen Grizzlybären für Wanderungen gesperrt. Die Grizzlys – Braunbären (S. 92), wie ihre Vettern von der Küste – sind im Denali oft fast blond gefärbt und ernähren sich zu 90 Prozent von Pflanzen. Gerne graben sie nach Arktischen Erdhörnchen oder stellen im Frühjahr Kälbern von Elch und Karibu nach. Der Bestand an Grizzlybären im Nationalpark wird auf 200 bis 300 geschätzt.

Nach 73 km hält der Bus zu einer Rast am 1080 m hohen **Polychrome Pass** ⑥. Der Paß bietet eine der schönsten Aussichten auf **Alaska-Kette** und Denalis Flußtäler. Mit dieser Kulisse im Hintergrund, können Sie den Bergkamm rechts der Straße entlangwandern, alpine Tundrapflanzen entdecken oder Arktisches Erdhörnchen, Eisgraues Murmeltier und Pika beobachten. Arktische Erdhörnchen stehen vor den Eingängen ihres Baus und lassen schrille Pfiffe ertönen, wenn Gefahr in Verzug ist. Ihr Hauptfeind, der Steinadler, ernährt sich zu 90 Prozent und der Rotfuchs zu 50 Prozent von den kleinen Nagern. Am Polychrome Pass blickt man auf ein Jagdrevier der Wölfe, das der Biologe Adolf Murie untersuchte. Aber nur sehr selten gelingt es einmal, die scheuen Jäger mit dem Fernglas auszumachen. Gut geeignet für eine Tageswanderung in die Flußtäler, die Sie vom Polychrome Pass aus sehen, ist das Tal ⑦ des östlichen Flußarmes des **Toklat.** Bei etwa Kilometer 82 (Meile 51) kann man in das Flußtal klettern und so weit laufen, wie man mag.

Der **Stony Hill Overlook** ⑧ bietet bei klarem Wetter eine schöne Sicht auf **Mt. McKinley,** der jetzt nur noch rund 58 km entfernt ist. Nach 106 km hält der Bus am **Eielson-Besucherzentrum** ⑨ mit eindrucksvoller Aussicht auf **Mt. McKinley, Alaska-Kette** und **Muldrow-Gletscher,** der größte Gletscher auf der Nordseite der Alaska-Kette, der sich über 50 km von seinem Ursprung Mt. McKinley bis zu seinem Ende hinzieht und den **McKinley River** speist. Parkbiologen bieten Führungen durch die Tundra an, aber auch Wanderungen auf eigene Faust lohnen sich. Hinter dem Besucherzentrum führt ein Pfad hinunter zum **Thorofare River** (ca. 3 km entfernt).

Weiter verläuft nun die Straße parallel zum **Muldrow-Gletscher.** Bis zum **Wonder Lake** sind es noch 32 km. Auf dieser Strecke ⑩ fährt man vorbei an zahlreichen Teichen und kleinen Wasserstellen – ein ideales Gebiet für Biber, die man manchmal vor ihren Burgen schwimmen sieht. Oft stehen Elche im Wasser und verspeisen Wasserpflanzen. Die Busfahrt endet am **Wonder Lake** ⑪, ein relativ junger See, den Gletscher während der Eiszeit schufen. Der kleine Campingplatz erlaubt die vielleicht eindrucksvollste Sicht auf die Alaska-Kette, vorrausgesetzt das Wetter spielt mit. Nicht selten ist der Mt. McKinley tagelang in Wolken eingehüllt und man kann nur vermuten, vor welcher phantastischen Kulisse man sein Zelt aufgeschlagen hat. Auch dieses Gebiet läßt sich gut in Tageswanderungen erkunden, auf denen die Chance groß ist, Bären, Elchen und Karibus zu begegnen.

Shuttle-Bus – das typische Transportmittel.

Praktische Tips

Anreise

Der Denali-Nationalpark liegt fast 400 km von Anchorage und 200 km von Fairbanks entfernt. Von beiden Orten führt eine Bahnlinie oder der Alaska Highway 3 zum Denali.

Klima/Reisezeit

Die meisten Besucher kommen von Juni bis Mitte September. In dieser Zeit schwanken die Temperaturen zwischen 2 und 25 °C. Aber in der Regel ist der Sommer im Denali kühl, naß und windig.

Unterkunft

Hotels befinden sich außerhalb des Parks am George Parks Highway. Im Denali werden 6 Campingplätze (3 auch für Wohnwagen und Wohnmobile) unterhalten, die rechtzeitig reserviert werden sollten. Sanctuary River, Igloo Creek und Wonder Lake sind mit dem Auto nicht erreichbar (nur Bus). Die Aufenthaltsdauer ist begrenzt. Informieren Sie sich über die aktuellen Reservierungsbedingungen vor Antritt Ihrer Reise.

Shuttle-Bus

Der größte Teil der Parkstraße ist für Privatautos gesperrt. Busse verkehren zwischen Wilderness Access Center (WAC) und Wonder Lake. Busplätze können reserviert werden. Fahrkarten gibt es im WAC. Über die aktuellen Reservierungsbedingungen informiert die Parkverwaltung.

Backcountry

Für Wildnisaufenthalte länger als 1 Tag benötigt man eine Genehmigung im WAC. Bestimmte Regionen sind für Wanderungen geschlossen, um die Tiere nicht zu stören. In allen anderen Gebieten werden zur gleichen Zeit immer nur wenige Besucher zugelassen, damit der empfindliche subarktische Lebensraum intakt bleibt. Das WAC verleiht bärensichere Aufbewahrungsbehälter (»Bear Resistant Food Container«) für den Proviant.

Adressen

- Denali National Park and Preserve, P.O. Box 9, Denali Park, AK 99755-0009
  Tel.: 907-683-2294 (Hauptstelle), Tel.: 907-733-2231 (Talkeetna Ranger Station)
  Fax: 907-683-9617; www.nps.gov/dena
- Reservierungen für Shuttlebus und Campingplätze
  Tel.: 907-272-7275; www.reservedenali.com

Ausgedehnte boreale Wälder, Elche; ein Netz von Winterwanderwegen in den White Mountains, Wanderwege auf alpinen Bergkämmen.

Fairbanks und Umgebung wird auch als Alaskas Kühltruhe bezeichnet. Im Permafrostboden wurden Überreste prähistorischer Tiere konserviert, die durch Bautätigkeit und Goldabbau an das Tageslicht kamen: u.a. Knochen von Mammut, Säbelzahntiger und Steppenbison. Es handelt sich um Tiere (s.S. 20), die während der Eiszeit in der unvergletscherten Region zwischen Alaska- und Brooks-Kette lebten und deren Überreste jetzt im Permafrostboden ruhen.

Insbesondere der Goldabbau beförderte Unmengen von Knochen aus den Kühlfächern. Die goldhaltigen Schichten liegen unter bis zu 45 m dicken Ablagerungen aus dem Pleistozän, die reich an organischem Material sind. Um an das Gold zu gelangen, tauen große Hochdruckwasserkanonen die obere Schicht auf und spülen den gebildeten Schlamm beiseite. Auf diese Weise entdeckte man den Steppenbison »Blue Babe« (ausgestellt im Museum von Fairbanks), der vor 36 000 Jahren über die Hügel nördlich von Fairbanks zog. Er war so gut erhalten, daß sogar sein Fleisch noch rot aussah.

Der Permafrostboden stellt heute Bauingenieure vor große Probleme. Taut der Boden durch abstrahlende Wärme aus den Häusern ungleichmäßig auf, sacken Gebäude einseitig ab. Solch einem schiefen Hausstand begegnet man mitunter in der Fairbanks-Region, die als Teil des Yukon-Tanana-Terrans unter dem gefrorenen Boden einige der ältesten Gesteinsblöcke Alaskas besitzt. So wurde das Gestein unter dem Pinnell Mountain Trail aus Sedimenten gebildet, die sich vor über 1 Milliarde Jahren ablagerten.

Pflanzen und Tiere

Im Herzen von Alaskas Taiga, die sich großflächig zwischen Alaska- und Brooks-Kette ausbreitet, liegt die Fairbanks-Region. Fichten-/Birkenwald bedeckt weite Areale der flachen und hügeligen Landschaft. An wärmeren und trockenen Standorten wie an südlichen Hängen ragen Weißfichten in die Höhe. Auf kaltem und nassem Permafrostboden stehen Schwarzfichten klein und mickrig. Reine Schwarzfichtenbestände geben mitunter den Eindruck eines »betrunkenen Waldes« wieder, so schief nach allen Seiten stehen die Bäume, wenn die Wurzeln im aufgetauten Boden den Halt verlieren. Ist der boreale Wald noch jung, enthält er viele Papierbirken, Espen und Balsampappeln, deren verfärbte Blätter im Herbst ein buntes Mosaik bilden.

Einen wichtigen natürlichen Umweltfaktor in Alaskas Taiga stellt Feuer dar. In einigen Sommern vernichtet Feuer Hunderte Quadratkilometer Wald und schafft damit anderen Pflanzen Platz. Schon im darauf

Die Sibirische Aster kommt in fast ganz Alaska vor.

Alpenschneehuhnküken: Von Jahr zu Jahr können die Bestände erheblich schwanken.

folgenden Jahr sprießen die Samen von Weidenröschen (S. 126), Erlen (S. 45), Weiden (S. 117) und Birken in der Asche. Eine Strauchvegetation wächst heran, die von Birken-, Balsampappel- und Espenbäumen etwa 30 Jahre nach dem Feuer verdrängt wird. Insgesamt rund 100 Jahre vergehen bis Weißfichten wieder ihre alten

Endlose Flächen mit borealem Nadelwald liegen zwischen Alaska- und Brooks-Kette.

Standorte (vor dem Feuer) zurückerobert haben. Nach einem Brand ändert sich mit der Vegetation natürlich auch der Wildbestand. Einige Jahre nach einem Feuer nimmt z. B. die Zahl der Elche (S. 108) zu, die dann mit den sich verbreitenden Weidensträuchern ideale Nahrungsbedingungen vorfinden.

Neben typischen Sträuchern und Blütenpflanzen (s.S. 126) im Untergrund des borealen Waldes blühen an Weg- und Straßenrändern u.a. häufig Weidenröschen, der Rittersporn »Larkspur« (Juli/August), Sibirische Aster (Juli/August), Schafgarbe (Juli/August) und Arnika (Juli/August). Die flache und hügelige Landschaft in der Fairbanks-Region wird im Norden unterbrochen von Gebirgszügen wie White Mountains und Pinnel Mountain. Oberhalb der

Die Large Animal Research Station erforscht die Bedingungen, unter denen Moschusochsen als Nutztiere gehalten werden können.

Der bunte Herbstwald in der borealen Zone setzt sich aus Papierbirken, Espen und Balsampappeln zusammen.

Baumgrenze gibt es dort alpine Tundra (s.S. 130).

Der boreale Wald bietet einer Reihe von Alaskas Tieren den optimalen Lebensraum. Der Nordamerikanische Baumstachler, Bestandteil der nordamerikanischen Fauna seit 20–30 Mio. Jahren, frißt im Sommer Blätter und junge Zweige, im Winter dagegen Fichten- und Birkenrinde. Da er sehr langsam die Bäume hochklettert, kann man ihn leicht entdecken. Nur sehr selten zu Gesicht bekommt man den Fichtenmarder in seinem bevorzugten Gebiet, dem Schwarzfichtenwald. Seine Reviergröße schwankt abhängig vom Nahrungsangebot (Wühlmäuse, Beeren und Vogeleier) zwischen 2,6 und 39 km^2. Weitere Taigabewohner sind u.a. Luchs (S. 106), Schneeschuhhase (S. 104), Schwarzbär, Rotfuchs, Rothörnchen (S. 96), Wolf (S. 127), Kanadischer Biber (S. 80), Nordamerikanischer Fischotter (S. 79) und Mink.

Der Rittersporn »Larkspur« wächst auf Wiesen und an Straßenrändern.

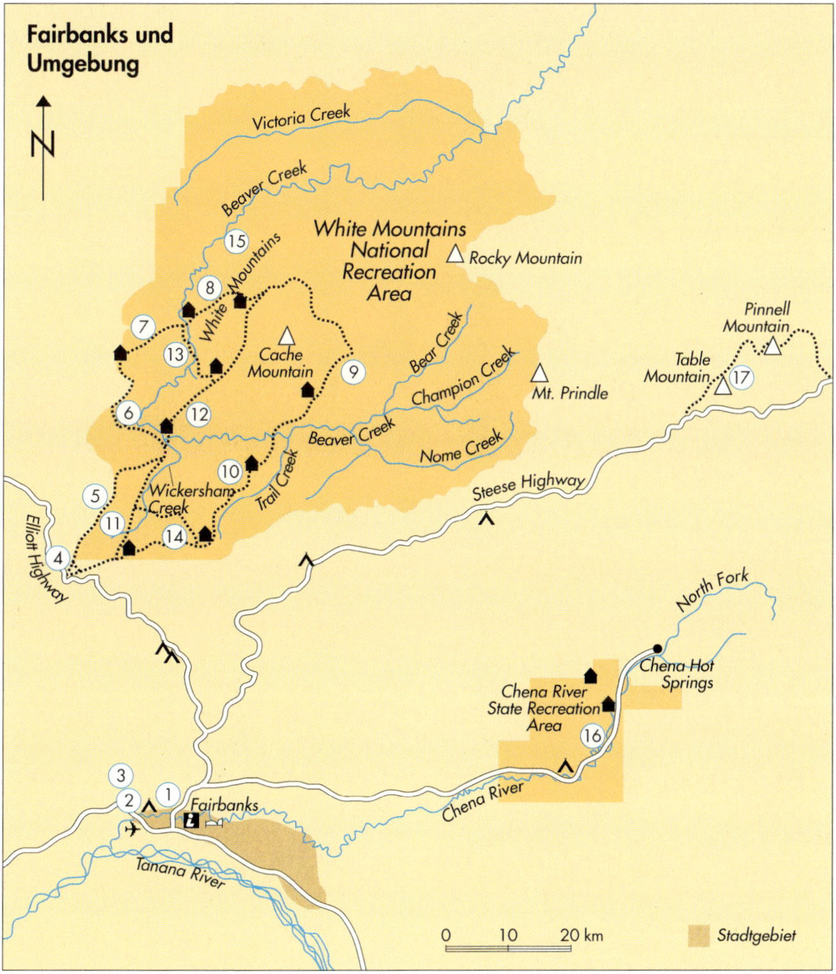

Ein typischer Vertreter der alpinen Regionen von Pinnell und White Mountains ist dagegen das Alpenschneehuhn. Die Bestände schwanken allerdings ganz erheblich: In einigen Jahren ist kaum ein Alpenschneehuhn zu sehen, in anderen bevölkern Massen dieser Hühnervögel die Tundra. 6–10 Eier legen sie, sobald der Schnee schmilzt, in ihr Bodennest und brüten sie innerhalb von 3 Wochen aus.

Im Gebiet unterwegs

Mitten in Fairbanks an der College Road liegt **Creamer's Field Migratory Waterfowl Refuge** ①, ein Schutzgebiet eingerichtet für die vielen Entenarten, die im Frühjahr und Herbst in diesem Feuchtgebiet Station machen. Wenn Tausende Kandagänse im Frühjahr dort ankommen, ist der Winter endgültig vorbei. Ein 3 km langer Weg

Arnica chamissonis ist mit ihren verzweigten Blüten größer als andere Arnika-Arten Alaskas.

Der Nordamerikanische Baumstachler liebt im Sommer junge Birkenblätter.

schlängelt sich durch das Feuchtgebiet. Von einem Hochsitz aus sind im Sommer manchmal Elche zu sehen.

Auf dem Universitätsgelände am Yukon Drive steht das **University of Alaska Museum** ②. Es informiert über die Naturgeschichte Alaskas und ist berühmt wegen seiner ausgestellten Fossilien aus dem Permafrostboden. Von dem auf einem Hügel gelegenen Unversitätsgelände blicken Besucher nach Süden über borealen Wald bis zum Horizont, an dem an klaren Tagen der 250 km entfernte **Mt. McKinley** erscheint. Die Universität unterhält an der Yankovich Road eine **Zuchtstation (Large Animal Research Station)** ③ für Moschusochsen, Elche und Karibus, die besichtigt werden kann.

Wer Alaska einmal so erleben möchte wie es Jack London beschrieben hat, der kann im Winter die verschneite Landschaft der **White Mountains** (bis zu 1600 m hohes Gebirge) zu Fuß, auf Skiern oder mit einem Hunde- oder Motorschlitten durchqueren. Ein Netz von Wegen und Hütten wurde speziell für die Winterbenutzung eingerichtet. Da die meisten Wege durch Moore und morastiges Gebiet gehen, sind sie für den Sommer schlecht geeignet. Die White Mountains liegen etwa 50 km nördlich von Fairbanks (zu erreichen über Steese und Elliot Highway).

Folgende Wanderungen können aber auch im Sommer unternommen werden: Der **Ski Loop Trail** ④ (Länge: 8 km) startet am Elliot Highway (Meile 28) und verläuft die erste Strecke auf dem Summit Trail. Nach 1,6 km erreicht er einen ca. 800 m hohen Aussichtspunkt, von dem man an klaren Tagen bis zum **Mt. McKinley** blikken kann.

Der **Summit Trail** ⑤ (Start: Elliot Highway Meile 28, Länge: 32 km) folgt über 27 km einem Bergkamm, auf dem sich Fichten-

Wenn die Kanadagänse in Fairbanks ankommen, geht der Winter zu Ende.

wald und alpine Tundra miteinander abwechseln. Der Weg endet am **Beaver Creek,** der überquert werden muß, um die Borealis-LeFevre-Hütte zu erreichen.

Der **Wickersham Creek Trail** ⑪ (Start: Elliot Highway Meile 28) verläuft über 8 km an einem bewaldeten Berghang entlang. Nach weiteren 1,6 km zweigt der **Trail Creek Trail** ⑩ ab, auf dem man nach 1,2 km zur Lees-Hütte kommt. Von dort gibt es eine großartige Aussicht über die White Mountains.

Der **Beaver Creek** ⑮, ein flacher langsam fließender Fluß, der in den White Mountains entspringt und durch das Yukon Flats National Wildlife Refuge (s.S. 163) in den Yukon fließt, lädt zum Kanuwandern ein. (Einstieg: Nome Creek, zu erreichen über Straße, die bei Meile 57 vom Steese Highway abzweigt, Ausstieg: nähe Victoria Creek, vom Flugzeug abholen lassen, oder Yukon River am Dalton Highway). Bis zum Victoria Creek dauert die Fahrt etwa 8 Tage, die ganze Strecke (ca. 640 km) bis zur Yukon-Brücke 2–3 Wochen.

Alle anderen Wege durch die White Mountains sind reine Winterrouten: **Big Bend Trail** ⑥ (Länge: 24 km), **Colorado Creek Trail** ⑦ (Länge: 37 km), **Windy**

Feuchtgebiete und viele kleinere Seen und Wasserflächen in und um Fairbanks bieten Enten und Gänsen ein ideales Refugium.

Creek Trail ⑧ (Länge: 16 km), **Cache Mountain Loop Trail** ⑨ (Länge: 42 km), **Fossil Creek Trail** ⑫ (Länge: 35 km), **Fossil Gap Trail** ⑬ (Länge: 16 km) und **Moose Creek Trail** ⑭ (Länge: 16 km). Sie starten von den Endpunkten der oben beschriebenen Sommerstrecken und sind teils miteinander vernetzt. Mindestens am Anfang und Ende der Wege steht je eine Hütte. Sollten Sie an einem Winterabenteuer interessiert sein, können sie genaue Streckenbeschreibungen und zusätzliche Informationen über die aufgezählten Wanderwege beim Bureau of Land Management erhalten.

An der Chena Hot Springs Road, nur eine halbe Stunde Autofahrt von Fairbanks entfernt, liegt der State Park: **Chena River State Recreation Area** ⑯. Diese Gegend ist bekannt für ihren großen Elchbestand. Pfade ermöglichen Wanderungen von 1 Stunde bis zu 3 Tagen. Einige klettern in alpine Tundralagen.

Der **Pinnell Mountain Trail** ⑰ (Länge: 44 km, Dauer: ca. 3 Tage, Start: Steese Highway Meile 85,6, Ende: Steese Highway Meile 107,3), rund 140 km von Fairbanks entfernt, führt dagegen nur über alpine Tundra. Er überquert eine Reihe von Bergkämmen, die eine phantastische Aussicht auf Alaska-Kette und White Mountains bieten. 2 Hütten (ohne Betten und Ofen) nach 14 und 27 km schützen vor Wind und Wetter.

Praktische Tips

Anreise

Von Anchorage nach Fairbanks (573 Straßenkilometer): Auto, Bus, Bahn und Flugzeug.

Klima/Reisezeit

Im Sommer sind Tagestemperaturen über 20 °C häufig, aber auch Hitzewellen, in denen die Quecksilbersäule auf 30 °C und mehr klettert, kommen vor. Der Winter hat extrem kalte Temperaturen zwischen -20 °C und -30 °C. Der Rekord liegt bei -54 °C.

Unterkunft

Mehrere Campingplätze in Fairbanks und Umgebung, Hotels aller Art in Fairbanks.

Hütten (Cabins)

Hütten in den White Mountains müssen reserviert werden. Aktuelle Informationen beim Bureau of Land Management.

Adressen

- Fairbanks Convention & Visitors Bureau
  550 First Avenue
  Fairbanks , AK 99701
  Tel.: 907-456-5774
  www.explorefairbanks.com
- Bureau of Land Management (BLM)
  Fairbanks District Office
  1150 University Avenue
  Fairbanks, AK 99507
  Tel.: 907-474-2200
  www.blm.gov/ak

14 Nationalpark Gates of the Arctic

Endlose arktische Tundra; Karibuherden und Dallschafe; 6 besonders schöne und wilde Flüsse (»National Wild and Scenic Rivers«) fließen durch den Park: Noatak, North Fork Koyukuk, Kobuk, John, Alatna und Tinayguk.

»Nur etwa 10 Meilen nördlich ragten zwei steile Berge auf, je einer auf einer Seite des North Fork. Ich gab ihnen den Namen Gates of the Arctic und nannte das östliche Portal Boreal Mountain und das westliche Frigid Crags...«. So beschrieb der Naturschützer Robert Marshall den Ausblick, den er von einem Hügel am North Fork Koyukuk River hatte, als er 1929 durch die damals noch unbekannte Wildnis des heutigen Nationalparks wanderte. Aber auch schon vor Robert Marshall zogen seit Jahrtausenden Menschen durch die

Schnee-Eulen brüten auf dem Boden. Ihre Hauptbeute sind Lemminge.

Gates of the Arctic – Tor in die Arktis: Von hier erstreckt sich Tundravegetation bis zum Nordpolarmeer.

Brooks-Kette – Wildnis pur: Eine Fläche größer als die Schweiz und Österreich zusammengenommen, steht unter besonderem Schutz.

breiten Tundratäler. Kleine Wildbeutergruppen siedelten und jagten in der Region. Hierzu zählen die Nunamiut, Inlandeskimos, deren Lebensgrundlage die großen Karibuherden waren. Ein Nunamiut-Dorf, Anaktuvuk Pass, liegt innerhalb der Parkgrenzen.

Im August sind die Blätter der Alpenbärentraube tief rot gefärbt.

1980 wurde dieser Teil der Brooks-Kette (34 400 km²) zum Nationalpark erklärt. Damit stehen zusammen mit dem Arctic National Wildlife Refuge, dem Noatak National Preserve und dem Kobuk-Valley-Nationalpark über 146 000 km² von Alaskas nördlichstem Gebirge unter Schutz – eine Fläche größer als die von Österreich und der Schweiz zusammengenommen. Die Brooks-Kette innerhalb des Gates of the Artic erhebt sich über 2000 m. Der höchste Berg ist der Mt. Igikpak (2594 m). Südlich und nördlich fällt das Gebirge in Wellen sanfter Hügel ab. Während der Eiszeit bedeckten Gletscher die Brooks-Kette. Sie haben die breiten U-förmigen Täler hinterlassen. Die Felsen an der Oberfläche bestehen größtenteils aus Sedimentgesteinen und Metamorphiten, deren Alter zwischen 570 und 50 Mio. Jahren schwankt. Die Gipfel setzen sich häufig aus Granit oder Kalkstein zusammen. Nach einer Hypothese soll der Kern der Brooks-Kette am Kontinentalrand in der Gegend der kanadischen arktischen Inseln entstanden sein. Im Laufe von Jahrmillionen habe sich die gebildete Felsformation dann gegen den Uhrzeigersinn in die jetzige Position gedreht.

Pflanzen und Tiere

Gates of the Arctic trägt seinen Namen zu Recht. Der Park ist eine Eingangspforte in die arktische Wildnis. Findet sich noch an den Südhängen der Brooks-Kette borealer Wald bis zur Baumgrenze (bei ca. 600 m) einschließlich der dafür typischen Tierwelt (s.S. 126, 140), so folgt dann alpine Tundra, die nach Norden direkt in arktische Tundra übergeht. In grenzenloser Weite zieht sich die Tundra von den Nordhängen und den nördlichen Hügeln des Gebirges bis zum Nordpolarmeer. Dabei handelt es sich nicht um eine homogene Pflanzendecke, sondern Areale aus unterschiedlichen Pflanzen setzen sich, abhängig von den Bodenverhältnissen, eher wie ein Flickenteppich zusammen. Dies gilt insbesondere für die nördlichen breiten Täler des Parks.

An feuchten, schlecht entwässerten Stellen, dort wo sich auf dem undurchlässigen Permafrostboden kleine Wasserflächen und Tümpel gebildet haben, dominieren Seggen und Wollgräser wie Scheuchzers Wollgras und das Scheidenwollgras. Insbesondere das Scheidenwollgras ist verantwortlich für die kleine Hügel bildenden-Büschel, die jede Wanderung zur Tortur werden lassen. Sie bestehen unten aus totem Pflanzenmaterial, das in dem kalten Klima nur unvollständig zersetzt wird. Auf diesen Überresten der Vorjahre wächst jede Saison neues Wollgras.

Die Krähenbeere blüht im Mai/Juni, im August hat sie schwarze Beeren.

Besser vor der arktischen Kälte geschützt: zwergwüchsige Pflanzen wie die Polarweide.

Nur selten zu beobachten: der Vielfraß – das größte Mitglied aus der Marderfamilie.

An Wasserläufen stehen zum Teil Weidendickichte (z. B. Alaskaweide). Als Unterwuchs sprießen Schachtelhalme, Moose und Flechten. An weniger feuchten Stellen kommt Zwergbirken-/Weidenbewuchs vor. Ist der Boden trockener, bringt er u.a. Zypressenheide (Blüte: Juni/Juli), Sumpfporst, Lappenrose (Blüte: Ende Mai bis Mitte Juni), Krähenbeere (Blüte: Mai bis Anfang Juni, Frucht: August), Preiselbeere (S. 147), Alpenbärentraube (Blüte: Mitte Mai bis Mitte Juni, Frucht: August) und Zwergweiden (z. B. Polarweide und »Roundleaf Willow«) hervor. Zwergweiden mit daumendicken Stämmen, die nur wenige Zentimeter in die Höhe ragen, besitzen ein Alter von mehr als 100 Jahren. Steinige Berghänge überzieht die Silberwurz. Auf Berghängen mit besserem Boden kommen typische alpine Tundrapflanzen hinzu, u.a. Stengelloses Leimkraut (S. 14), Wolliges Läusekraut und Roter Steinbrech (S. 128).

Über diese Vegetation des Parks wandern Tausende Karibus im Frühjahr nach Norden in die Ebene des North Slope, in der

Typisch für den nördlichen Teil der Brooks-Kette: breite Tundratäler wie hier bei Anaktuvuk Pass.

der Nachwuchs zur Welt kommt. Im Herbst kehren sie dann wieder zurück durch die Brooks-Kette in die geschütztere boreale Zone.
Elche (S. 108) dringen aus der Taiga in die arktische Tundra vor, aber nur an Flüssen, die mit Weidenbewuchs umsäumt sind. Dallschafe (S. 116), deren Bestand in der Brooks-Kette auf 30 000 geschätzt wird, leben fast ausschließlich in alpinen Regionen. Der Grizzly durchsteift das ganze Tundragebiet. Seine Bestandsdichte ist allerdings geringer als in südlicheren Gebieten von Alaska. Auch wenn man seine Spuren entdeckt, bekommt man ihn nur selten zu sehen. Außerdem gehen Wolf (S. 127), Rotfuchs und Vielfraß in der Tundra auf Beutefang. Der Vielfraß, das größte Mitglied aus der Marderfamilie, jagt kleine Säugetiere und frißt Aas. Er kann aber auch Karibus erlegen.
Am häufigsten im nördlichen Teil des Nationalparks sind allerdings die kleinen Säugetiere: Arktisches Erdhörnchen (S. 124), Eisgraues Murmeltier (S. 84), Spitzmäuse (u.a. Tundraspitzmaus) und Wühlmäuse (z. B. Nordische Wühlmaus, »Singing Vole«, Polarrötelmaus). Wühlmäuse ernähren sich im Winter auch von Aas. Im Sommer verraten kleine Pfade in der Vegetation ihre Anwesenheit. Dies gilt ebenso für Lemminge (Grönländischer Halsbandlemming, Berglemming), die immer die gleichen Routen benutzen. Sie fressen im Winter Weiden- und Zwergbirkenrinden und haben ihren Bau unter einer hohen Schneedecke, die gute Isolierung vor der tiefen Außentemperatur bietet. Bekannt sind sie für ihre Populationzyklen von 3–5 Jahren.
Entsprechend diesen Fluktuationen schwankt die Zahl der Schnee-Eulen, einem Vogel der arktischen Tundra. Im Nationalpark sind sie allerdings nur selten

Aurora boralis, das Nordlicht: am besten in klaren Winternächten zu sehen. Dann tanzen gelbe, grüne und rote Lichter am Himmel. Verantwortlich für dieses Schauspiel ist der »Sonnenwind«, ein Strom von Elektronen und Protonen, der von der Sonne kommt. Trifft er auf das Erdmagnetfeld, wird er zu den Polen hin abgeleitet und regt dort Moleküle der obersten Luftschicht zum Leuchten an.

anzutreffen, und die Millionen Zugvögel (mehr als 230 Arten), die den Sommer in der arktischen Tundra verbringen, lassen sich in der Regel erst nördlich des Gates of the Arctic, im North Slope, auf den unzähligen Teichen und Tümpeln nieder.

Im Gebiet unterwegs

Der Nationalpark gehört zu den vielen Schutzgebieten in Alaska, die weder Straßen noch Wege besitzen. Bleibt nur das

Die großen Karibuherden

Seit Tausenden von Jahren sind Karibus zentraler Bestandteil arktischer und alpiner Tundra. Sie erst boten den Menschen in den kalten, unwirtlichen Regionen eine Lebensgrundlage. Karibus und die europäischen Rentiere gehören der gleichen Art, *Rangifer tarandus*, an. Die in Alaska vertretene Unterart, »Barren-Ground«-Karibu, bringt aber deutlich größere Tiere hervor. Aus der Hirschfamilie sind sie die einzigen Vertreter, in der beide Geschlechter ein Geweih tragen.

Karibus schließen sich zu Herden zusammen. Die größten, die »Western Arctic« (300 000–500 000) und die »Porcupine« (ca. 160 000) durchwandern North Slope und Brooks-Kette. 25 Herden mit insgesamt etwa 800 000 Tieren soll es in ganz Alaska geben. Aber Bestandsschätzungen sind großen Schwankungen unterworfen, weil Karibus öfter ihre Wanderrouten ändern.

Dabei sind ihre breiten Hufe optimal für die Fortbewegung auf morastiger Tundra und auf Schnee geeignet. Sie können außerdem als Paddel während der zahlreichen Flußdurchquerungen im unwegsamen Gelände dienen. Nur ein ständiges Wechseln der Weidegründe garantiert Ihnen ausreichend Nahrung, die im Sommer aus Zwergweiden- und Zwergbirkenblättern sowie Gräsern besteht, im Winter dagegen im wesentlichen aus Rentierflechten.

Ein Jahreszyklus der Karibus sieht etwa folgendermaßen aus: Den Winter verbringen sie in der geschützteren Waldtundra. Im Frühjahr/Anfang Sommer wandern sie dann durch die Tundra zu den Plätzen, an denen die Kälber geboren werden. Zuerst machen sich weibliche und Jungtiere auf den Weg. Bullen bilden das Ende der Herde und treffen oft erst Wochen später ein. Ende Mai/Anfang Juni kommen die Kälber zur Welt, die bereits eine Stunde nach ihrer Geburt der Mutter folgen. Der Herde sind ständig Wölfe und Bären auf den Fersen, die jetzt leicht Beute machen können. Die Herde verteilt sich während des Sommers über weite Tundraflächen. Im Herbst sammeln sich die Tiere wieder zur Brunft und wandern anschließend zurück zu ihren Überwinterungsplätzen. Bis zum Januar haben dann alle Hirsche ihre Geweihe abgeworfen.

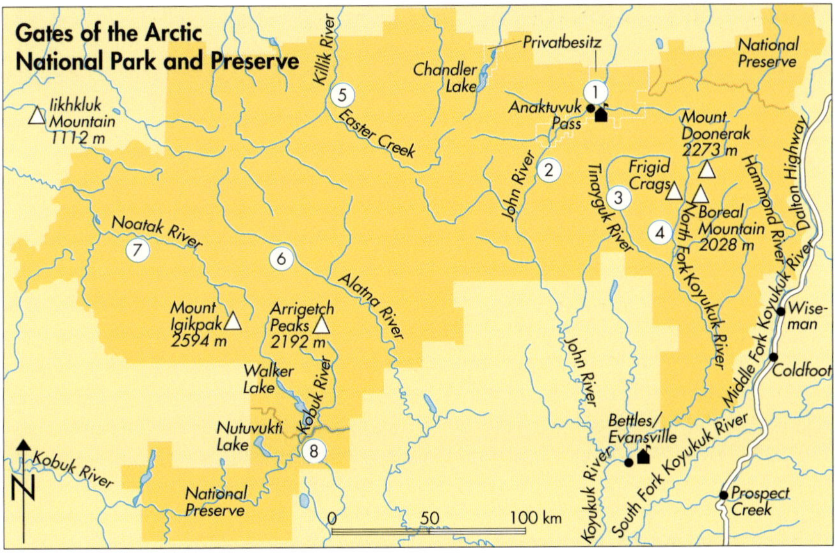

Flugzeug, das Sie in den Park bringt und wieder abholt. Kleine Linienmaschinen verbinden Fairbanks mit Bettles und Anaktuvuk Pass. Von dort können Lufttaxis gechartert werden (Reservierung!). In den Park hineinwandern können Sie vom Dalton Highway, der parallel zur Ostgrenze des Gates of the Arctic verläuft. Wandern mitten durch die Vegetation ist in der arktischen Wildnis sehr anstrengend, wenn man mit einem schweren Rucksack auf dem Rücken über die kleinen Wollgrashügel balanciert. Rechnen Sie damit, daß Sie auf diese Weise nur wenige Kilometer pro Tag zurücklegen können.

Einfacher läßt es sich auf den Routen reisen, die seit Jahrhunderten Nunamiut-Eskimos und Athabasken-Indianer benutzen: den Flüssen. Eine Reihe von lizensierten Führern und Veranstaltern (Liste von der Parkverwaltung anfordern) bietet mehrtägige Flußfahrten im Nationalpark an oder vermietet die Ausrüstung (z. B. Boote) und kümmert sich um den Transport. Unter den vielen Flüssen sind 6 National Wild and Scenic Rivers: **John, Tinayguk, North Fork Koyukuk, Alatna, Noatak und Kobuk.**

Ein Startpunkt für Reisen durch die Tundralandschaft des Gates of the Arctic, sowohl zu Fuß als auch mit einem Boot, ist **Anaktuvuk Pass** ①, ein kleines Eskimodorf, das mitten in der Tundrawildnis liegt. Hier verläuft auch eine wichtige Wanderroute der Karibus. Weite Täler und grüne Hänge bestimmen die Landschaft. Ein Museum, das **Simon Paneak Memorial Museum,** erzählt die Geschichte der Einwohner von Anaktuvuk Pass und informiert über Kultur, Traditionen und vergangene Lebensweise der Nunamiut-Eskimos. In diesem Gebiet entspringt der **John River** ②, der nach 230 km durch Tundra und Wald bei Bettles in den Koyukuk mündet. Der Einstieg bei Anaktuvuk eignet sich nur für erfahrene Paddler. Die meisten beginnen die Flußfahrt 56 km fußabwärts am Hunt Fork Lake. Von dort benötigt man etwa 1 Woche bis zum Koyukuk.

Der **Tinayguk River** ③ (Länge: 70 km bis North Fork Koyukuk, plus 130 km bis Bettles, Dauer: ca. 1 Woche, guter Einstieg: 24 km flußabwärts am Zusammenfluß mit Savioyuk Creek) strömt durch ein breites Tal in einer großartigen Berglandschaft bis in den North Fork Koyukuk River. Das Wasser des **North Fork Koyukuk River** ④ legt vom Summit Lake bis nach Bettles 160 km zurück. Es passiert dabei die Portale des **Gates of the Arctic: Boreal Mountain** und **Frigid Crags.** Es folgt Redstar Creek, ein guter Einstieg, von dem die Fahrt etwa 4–5 Tage dauert.

Nach Norden in den Colville fließt der **Killik River** ⑤ (Einstieg: Höhe Easter Creek, Ausstieg: Umiat am Colville River, Dauer: 10–14 Tage, Länge der Strecke: 280 km). Er durchquert in einem breiten Tal alle Formen der Tundravegetation. Erst eingesäumt von hohen Berghängen fließt er dann durch ein immer weiter werdendes Tal entlang einer Hügellandschaft in die Ebene des North Slope.

Wer noch wenig Paddelerfahrung hat, für den ist der **Alatna River** ⑥ gut geeignet – mit dem Einstieg bei Circle Lake in der Nähe der bizzaren Granitspitzen des **Arrigetech** (2192 m). Von dort windet sich der Alatna aus der Tundra durch dichten Fichtenwald in die Niederungen des Koyukuk River (Streckenlänge: 220 km, Dauer: 1 Woche, Ausstieg: das Dorf Allakaket).

Eine der schönsten Routen durch unberührte arktische Landschaft auf über 550 km bietet der **Noatak** ⑦ (Einstieg: einer

Wollgräser – auffällig durch ihre Samenstände – breiten sich in der Feuchttundra aus.

der Seen am Oberlauf, z. B. Lake Matcharak; Dauer der ganzen Strecke bis zum Meer: ca. 3 Wochen). Er passiert alpine und arktische Tundra, borealen Wald, ausgedehnte Schluchten und ein flaches Delta. Sein Ursprung liegt in hoher Gebirgslandschaft des Gates of the Arctic, aber der größte Teil der Strecke bis zum **Kotzebue Sound** verläuft im **Noatak National Preserve** (s.S. 163).
Ebenfalls an der Westküste mündet der **Kobuk River** ⑧. Von den Arrigetech Peaks bis zum Meer legt sein Wasser 555 km zurück. Schwierig, aber am beliebtesten ist der Fluß zwischen Walker Lake und dem Dorf Kobuk (Länge: 200 km, Dauer: 1 Woche). Dieser Abschnitt verläuft vorbei an Bergen und durch Canyons in ein weites, bewaldetes Tal.

Praktische Tips

Anreise

Von Fairbanks mit Linienflugzeug nach Bettles oder Anaktuvuk Pass, weiter mit einem Lufttaxi (spätestens von Fairbanks aus bestellen). Mit dem Auto auf dem Dalton Highway zur Ostgrenze des Parks.

Klima/Reisezeit

Milde, warme Sommer sind die Regel. Temperaturen in den Tälern auf der Südseite der Brooks Range können 27 °C erreichen mit Niedrigwerten um 10 °C. Auf der Nordseite liegen die Schwankungen etwa zwischen 21 °C und 4 °C. Frost ist zu jeder Zeit möglich. Während im Juni und Juli »Rauchschwaden« von Moskitos über jeden Besucher herfallen, fällt im August viel Regen. Der Winter dauert hier 8–9 Monate. Beste Reisezeit: Mitte Juni bis Ende August mit Tageslicht zwischen 24 und 17 Stunden.

Unterkunft

Im Park sind keine Campingplätze vorhanden. Einige teure Privatunterkünfte im Park (Lodge).

Adressen

- Bettles Ranger Station
  P.O. Box 26030
  Bettles, AK 99726
  Tel.: 907-692-5494
  Hauptstelle Fairbanks, Tel.: 907-457-5752
  Anaktuvuk Pass, Tel.: 907-661-3520
  Coldfoot, Tel.: 907-678-5209
  www.nps.gov/gaar

N 1 Misty Fiords National Monument

Eine düstere, mystische Stimmung kommt auf, wenn dichte Nebelschwaden auf den bewaldeten Hängen dieser Fjordlandschaft liegen – was in dem niederschlagsreichen Gebiet meistens der Fall ist. 9246 km² umfaßt das Monument zwischen Behm Canal und Portland Canal – 2 langen Fjordarmen. Steile Granitwände, donnernde Wasserfälle und dichter Regenwald bestimmen die Landschaft, in der alle Tiere Südostalaskas reichlich vorkommen. Das Schutzgebiet hat kaum Wanderpfade, aber dafür 14 Hütten (Reservierung!), die in der Regel an einem der vielen Seen liegen und nur mit dem Wasserflugzeug zu erreichen sind. Ausgangspunkt für Abstecher in das National Monument mit einem Boot oder Flugzeug ist Ketchikan (Hotels). Von hier starten regelmäßig Ausflugsboote in den Behm Canal und die Rudyerd Bay. Auch kombinierte Touren – hin per Boot und zurück mit dem Wasserflugzeug – können gebucht werden.

- Misty Fiords National Monument, 3031 Tongass Ave., Ketchikan, AK 99901, Tel.: 907-225-2148 gorp.away.com/gorp/resource/us_wilderness_area/ak_misty.htm

N 2 Chilkoot Trail

1887 begann der große Goldrausch. Er wurde ausgelöst durch den Fund, den 3 Männer in einem der Nebenarme des Klondike River 1 Jahr zuvor gemacht hatten. Tausende brachen nach Alaska auf. Sie bestiegen in Seattle Dampfschiffe, die sie bis Skagway und Dyea brachten. Von dort mußten

Die Küste des Misty Fiords National Monument ist häufig in dichte Nebelschwaden gehüllt (N 1).

sie einen der Pässe, Chilkoot oder White Pass, überqueren. Der Chilkoot Trail beginnt etwa 15 km von Skagway (Campingplatz, Hotels) entfernt. Er klettert die ersten 26 km auf den über 900 m hohen Chilkoot Pass und führt dann zum Bennett-See in Kanada. Auf Flößen setzten die Glücksritter dann ihre Reise fort. Für die 53 km lange Strecke benötigt man 3–5 Tage. Vom Bennett-See kann man mit der Eisenbahn über den White Pass nach Skagway zurückfahren, ebenfalls eine Route, die die Goldsucher schon damals benutzten.
Heute ist der Chilkoot Trail ein großes Freilichtmuseum mit vielen Überresten aus jener Zeit. Er wird gemeinsam von Alaska und Kanada verwaltet. Wer diese Wanderung unternimmt, bekommt eine Vorstellung von den Strapazen, die die Menschen damals auf sich genommen haben. Sie benötigten etwa 3 Monate auf dem Chilkoot Trail, weil sie ihn immer wieder zurücklegen mußten, bis die gesamte Ausrüstung zum Bennett-See gebracht war.

- Klondike Gold Rush National Historical Park, P.O. Box 517, Skagway, AK 99840
  Tel.: 907-983-2921
  www.nps.gov/klgo/index.htm

N 3 Alaska Chilkat Bald Eagle Preserve

Jedes Jahr ab Herbst versammeln sich am Chilkat River in Südostalaska bis zu 3000 Weißkopfseeadler (s.S. 51). Dieser Massenzuflug beginnt Ende Oktober, bis im November die höchste Konzentration erreicht ist. Dann sitzt nicht 1 Weißkopfseeadler auf einem Baum wie während des Sommers, sondern 10, 20 oder noch mehr.

Am Chilkat River versammeln sich ab Ende Oktober bis zu 4000 Weißkopfseeadler (N 3).

Blick vom Alaska Highway auf das Tetlin National Wildlife Refuge (N 4).

Der Grund: Laichende Lachse bis in den Winter und ein nicht völlig zufrierender Fluß. So gibt es am Chilkat River auch während der kalten Jahreszeit Nahrung im Überfluß. Zum Februar nimmt die Zahl der Adler wieder ab. Beobachten kann man das Schauspiel vom Haines Highway zwischen Meile 18 und 24 in der Nähe des Ortes Haines (Campingplätze, Hotels).

- Alaska State Park
  Southeast Area Office
  400 Willoughby, 4th Fl.
  Juneau, AK 99801
  Tel.: 907-465-4563
- Haines Ranger Station
  P.O. Box 430, Haines, AK 99827
  Tel.: 907-766-2292
- www.dnr.state.ak.us/parks/units/eagleprv.htm

N 4 Tetlin National Wildlife Refuge

Das Schutzgebiet ist ein Paradies für Enten, die hier in einer der höchsten Konzentrationen Alaskas brüten. Flüsse, Seen, Teiche und sumpfige Feuchtgebiete in Taiga und Grasland schaffen dafür die Voraussetzungen. Tetlin liegt an einer zentralen Vogelfluglinie, die Millionen von Zugvögel benutzen. Allein im September überqueren mehr als 100 000 Kanadakraniche (S. 78) diesen Korridor. Alaska Highway im Norden und Wrangell-St. Elias National Park and Preserve im Süden begrenzen das flache und hügelige Land des Tetlin-Schutzgebietes (3765 km^2). Ein Besucherzentrum liegt am Alaska Highway, von dem 2 Straßen zu Campingplätzen innerhalb des Wildlife Refuge führen. Weiter in das Schutzgebiet gelangt man mit Boot, z. B.

auf dem Nabesna River (s.S. 121) oder mit dem Wasserflugzeug.

- Tetlin National Wildlife Refuge,
  Box 779, Tok, AK 99780
  Tel.: 907-883-5312
  www.alaska.fws.gov/nwr/tetlin/index.htm

N 5 Izembek National Wildlife Refuge

Im Herbst (September bis Oktober) versammelt sich innerhalb der Izembek Lagoon die gesamte nordamerikanische Ringelganspopulation. Außerdem fallen zu dieser Jahreszeit Tausende Kaiser- und Kanadagänse zusammen mit Scheck- und Eisenten sowie weiteren Arten ein. Kragenente (S. 22) und Zwergschwan verbringen auch den Sommer dort. Vor der Küste schwimmen Seeotter (S. 58) und Seehunde (S. 43) sowie Grauwale (April bis Mai). Braunbären (S. 92) fischen in den Flüssen der Region nach Lachsen. Im Nordosten erheben sich spitze, bizarre Türme vulkanischen Ursprungs, die Aghileen Pinnacles (1500 m).

Izembek (1298 km²), weitgehend von Tundravegetation bedeckt, liegt an der äußersten südlichen Ecke der Alaska-Halbinsel und läßt sich am besten über Cold Bay erreichen. In dem vom Schutzgebiet nur 1,5 km entfernten Ort gibt es ein Besucherzentrum sowie Unterkünfte (Lodge). Linienflüge verbinden Cold Bay mit Anchorage.

- Izembek National Wildlife Refuge,
  P.O. Box 127, Cold Bay, Alaska 99571
  Tel.: 907-532-2445
  www.alaska.fws.gov/nwr/izembek/index.htm

N 6 Aniakchak National Monument

Vor 3500 Jahren explodierte auf der Alaska-Halbinsel ein 2000 m hoher Vulkan. Zurück blieb Aniakchak, eine Caldera von 10 km Durchmesser, in der heute ein türkisfarbener See (Surprise-See) und ein 1000 m hoher Kegel (Vent Mountain) liegen. Aniakchaks letzter Ausbruch ereignete sich 1931. Aus dem Surprise-See fließt der Aniakchak-Fluß, verläßt die Caldera durch eine Schlucht und mündet nach insgesamt 53 km in den Pazifischen Ozean. Wegen der ständigen dichten Wolkendecke wurde die Aniakchak-Caldera erst 1922 entdeckt und bildet heute das Zentrum des National Monument (2370 km²).

Die rauhe, unzugängliche Tundrawildnis verfügt über keine Besuchereinrichtungen, hat aber eine große Braunbärendichte. Heftige plötzliche Stürme können Wanderer an diesem entlegenen Ort in sehr bedrohliche Situationen bringen. Zugang bieten nur Lufttaxis von Port Heiden oder King Salmon. Beide Orte verfügen über regelmäßige Flugverbindungen mit Anchorage.

- Aniakchak National Monument
  & Preserve
  1 King Salmon Mall
  P.O. Box 245, King Salmon, AK 99613
  Tel.: 907-246-3305
  Fax: 907-246-2116
  www.nps.gov/ania/index.htm

N 7 McNeil River State Game Sanctuary

Bis zu 70 Bären finden sich im Juli ein, wenn sich vor den McNeal Wasserfällen die Lachse stauen. Die besten Fangplätze besetzen die großen dominanten männlichen Bären. Wer ganz unten in der Hierarchie steht wie die „Halbstarken“ – das sind die 4–6jährigen noch nicht ge-

Bärenbeobachtung im McNeil River State Game Sanctuary (N 7).

schlechtsreifen Bären – darf nur an weniger lukrativen Uferzonen sein Glück versuchen. Dieses Schauspiel hält etwa 4 Wochen an, dann werden die Lachse wieder weniger und mit ihnen auch die Bären. Die letzten verlassen den „Fluß der Bären" etwa Mitte September. Die ersten tauchen nach einem langen Winter Ende Mai im Schutzgebiet auf und fressen zunächst fast ausschließlich Gras oder graben an den Stränden nach Muscheln bis sich etwa Mitte Juni der Mikfik Creek, ein kleinerer Fluß im Schutzgebiet, mit Lachsen füllt.

Wer diesem Schauspiel einmal beiwohnen möchte, muß Glück haben. Denn der Zugang ist streng reguliert. Nicht mehr als 10 Menschen dürfen gleichzeitig und nicht länger als 4 Tage in Begleitung zweier Bärbiologen, die dort während der Saison stationiert sind, die Zottelmonster beobachten. Als Übernachtungsmöglichkeit kommt nur das eigene Zelt in Frage. Um an den abgelegen McNeil River in Südwestalaska zu kommen, muß man schon etwas tiefer in die Tasche greifen und von Homer oder Anchorage ein Wasserflugzeug chartern. Hinzu kommt noch eine hohe Gebühr, die an die zuständige Behörde zu entrichten ist. Trotzdem ist die Nachfrage sehr groß. Genehmigungen werden jedes Jahr im Frühjahr vom Alaska Department of Fish und Game ausgelost.

- Alaska Dept. of Fish and Game
  Wildlife Conservation
  McNeil River State Game Sanctuary
  333 Raspberry Rd.
  Anchorage, Ak 99518
  Tel.: 907-267-2182
  Fax: 907-267-2433
  www.wildlife.alaska.gov

N 8 Kachemak Bay State Park

Er ist der erste State Park, der in Alaska eingerichtet wurde. Er befindet sich auf der Südseite der Kachemak Bay, eine fast 60 km tiefe Einbuchtung der Kenai-Halbinsel. Bestandteil des Parks sind schneebedeckte Gipfel und Gletscher der Kenai-Berge mit Küstenregenwald und alpiner Tundravegetaion. Relativ häufig sind hier Schwarzbären (S. 42), Elche (S. 108), Schneeziegen (S. 121), aber auch Wölfe (S. 127). Die Kachemak Bay selbst gehört zu den produktivsten Gewässern Alaskas mit einer großen Vielfalt an marinen Lebewesen und den ergiebigsten Heilbutt-Fanggründen. Von den großen marinen Säugern tummeln sich hier Seeotter (S. 58), Seehunde (S. 43) und Buckelwale (S. 40).

Auf Grund eines Netzes von Wanderwegen, das insgesamt 130 km umfaßt, und den vielen tief einschneidenden Fjordarmen an der Küste, gehört der State Park unter Alaskanern zu den beliebtesten Ausflugszielen, um zu wandern, Kajak zu fahren oder zu angeln. Zu erreichen ist der State Park von Homer mit dem Wassertaxi (je nach Ziel etwa 30 bis 60 min). Es gibt einige Campingplätze und 5 Hütten.

- Alaska State Parks, Kenai Area Office
  P.O. Box 1247, Soldotna, AK 99669
  Tel.: 907-262-5581
  www.dnr.state.ak.us/parks/units/kbay/kbay.htm

N 9 Lake-Clark-Nationalpark

Am Cook Inlet gegenüber der Kenai-Halbinsel ragen 2 schneebedeckte Vulka-

Die Fjordarme und Buchten im Kachemak Bay State Park sind ein beliebtes Kajakrevier (N 8).

Rauchzeichen aus dem Mount Augustine: ein aktiver Vulkan auf Augustine Island im Cook Inlet (N 9).

ne 3000 m hoch in den Himmel: Iliamna und Redoubt. Der Redoubt, 160 km von Anchorage entfernt, hielt Alaska 1989/90 mit mehreren Eruptionen in Atem. Beide Vulkane sind Teil des Lake Clark National Park and Preserve (14 790 km²) – eine Berglandschaft mit Gletschern, blauen Seen und wilden Flüssen, überzogen von borealem Wald und Tundra. Im Sommer drängen sich in den Flüssen die Lachse. Bären (S. 92), Elche (S. 108) und Dallschafe (S. 116) bilden individuenreiche Populationen.

Neben einigen Unterkünften (Lodge) für Angler und der Rangerstation in Port Alsworth sind keine Einrichtungen für Besucher vorhanden. Die Wasserwege bieten eine Möglichkeit, den Nationalpark kennenzulernen. Ein Lufttaxi von Anchorage, Kenai oder Homer bringt Sie an den gewünschten See.

- Lake Clark National Park & Preserve
  240 West 5th Avenue, Suite 236
  Anchorage, AK 99501
  Tel.: 907-644-3626
  Fax: 907-644-3810
- Field Headquarters, 1 Park Place
  Port Alsworth, AK 99653
  Tel.: 907-781-2218
  Fax: 907-781-2119
- www.nps.gov/lacl/index.htm

N 10 Walrus Islands State Game Sanctuary

Im Frühjahr treffen Tausende Walrosse auf Round Island ein. Von Mai bis August sind einige Strände so gefüllt mit den gewaltigen Fleischkolossen, daß sie sich fast aufeinandertürmen. Außerdem brüten zahlreiche Seevogelarten an den steilen Klippen.

Round Island gehört zu den 7 Inseln des Schutzgebietes in der Bristol Bay, die man nur mit einem Charterboot erreicht (z. B. von Dillingham). Ungünstige Wetterverhältnisse können aber einen Transport jederzeit verhindern. Da keine Besuchereinrichtungen auf den Inseln vorhanden sind, müssen Sie ein sturmfestes Zelt dabeihaben. Pro Tag dürfen nicht mehr als 12 Besucher ihr Zelt auf der Insel aufschlagen. Genehmigungen erteilt das Alaska Dept. of Fish and Game (Formulare anfordern) frühestens nach dem 1. Januar. Bis zum April sind in der Regel alle Plätze für den Juli (beste Beobachtungszeit) vergeben.

- Alaska Department of Fish and Game
  Division of Sportfish
  Special Areas Permitting
  333 Raspberry Road
  Anchorage, Alaska 99518-1565
  Tel.: 907-267-2342
  www.wildlife.alaska.gov/index.cfm?adfg=refuge.rnd_is

N 11 Yukon Delta National Wildlife Refuge

Dieses Schutzgebiet (79 320 km²) von etwa der Größe Österreichs ist ein gewaltiges, baumloses Feuchtgebiet, das von den Deltas zweier Ströme – Yukon und Kuskokwim – gebildet wird. Millionen Vögel, mehr als 140 Arten, brüten dort in den Sommermonaten: darunter große Populationen von Zwergschwänen, Kaiser-, Bläß- und Kanadagänsen (S. 143). Es gilt als eines der wichtigsten Brutgebiete von Entenvögeln auf dem nordamerikanischen Kontinent. Lachse drängen im Sommer in

Walroßbullen liegen im Sommer dicht gedrängt am Strand von Round Island (N 10).

das Delta und bieten Braunbären (S. 92) Nahrung. Neben Elchen (S. 108) und Karibus (S. 150) sind Eisfuchs (S. 112), Kanadischer Biber (S. 80), Bisamratte und Nordamerikanischer Fischotter (S. 79) weit verbreitet. Vor dem Mündungsgebiet liegt die Insel Nunivak, auf der 1935 Moschusochsen (S. 138) aus Grönland angesiedelt wurden.

Linienflüge verbinden Anchorage mit den Orten St. Marys, Aniak und Bethel (Unterkünfte), in dem sich ein Besucherzentrum befindet. Nur Lufttaxis oder ein gemietetes Boot erlauben die weitere Erkundung des Schutzgebietes.

- Yukon Delta National Wildlife Refuge,
  P.O. Box 346, Bethel, AK 99559
  Tel.: 907-543-3151
  www.alaska.fws.gov/nwr/
  yukondelta/index.htm

N 12 Kanuti National Wildlife Refuge

Innerhalb der borealen Waldzone 240 km nördlich von Fairbanks liegt dieses Feuchtgebiet mit Seen und Tümpeln. Koyukuk und Kanuti River winden sich durch das flache Becken, das in weiten Teilen von Grasland und Schwarzfichtenwald überzogen wird. Kanuti dient insbesondere dem Schutz der vielen Entenarten, die an den unzähligen Wasserflächen brüten. Bläß- und Kanadagänse schnattern auf einigen Seen zu Hunderten. Aber auch die typischen Säugetiere (s.S. 126, 129) des borealen Waldes sind hier vertreten.

In das Schutzgebiet (6475 km²) gelangt man mit einem Lufttaxi von Bettles, ein Ort, der eine tägliche Flugverbindung nach Fairbanks hat. Wanderwege oder Campingplätze sind nicht vorhanden. Das Kanu ist hier das ideale Fortbewegungsmittel.

- Kanuti National Wildlife Refuge,
  Room 262, 101 12th Ave.,
  Fairbanks, Alaska 99701
  Tel.: 907-456-0329
  www.alaska.fws.gov/nwr/kanuti/
  index.htm

N 13 Yukon Flats National Wildlife Refuge

Der Yukon fließt mitten durch dieses flache Land, in dem er sich auch in der Breite erheblich ausdehnen kann. Mehr als 40 000 Seen umgeben den mächtigen Strom. Millionen Vögel fallen hier jedes Jahr ein. Das Flachland hat eine der größten Dichten brütender Enten in Nordamerika. Die häufigsten sind Amerikanische Pfeifente und Bergente. Weiter bewohnen alle Tierarten des borealen Waldes (s.S. 126, 129) die Niederungen am Yukon.

Mehrere Orte innerhalb des Schutzgebietes (34 900 km²) werden von Fairbanks regelmäßig angeflogen wie z.B Fort Yukon (Hotel). Von Fort Yukon kann man mit einem Lufttaxi in die gewünschte Region gelangen. Ein Boot sollten Sie aber unbedingt zur Verfügung haben.

- Yukon Flats National Wildlife Refuge,
  101 12th Avenue, Room 264,
  Fairbanks, AK 99701
  Tel.: 907-456-044
  www.alaska.fws.gov/nwr/yukonflats/
  index.htm

N 14 Yukon-Charley Rivers National Preserve

Auf 9150 km² Fläche niedrige Berge und klare Flüsse, Tundra und Wald in Zentralalaska. Yukon und Charley River sind die Hauptflüsse. Während der Yukon in den Niederungen dahinfließt, strömt der Charley River aus höher gelegenen Regionen durch Tundra und bewaldete Täler in den Yukon. Neben Dallschafen und Karibus kann man alle Arten des borealen Waldes (s.S. 126, 129) antreffen. Es gibt keine Wege oder Straßen. Die meisten Besucher erkunden Yukon-Charley mit einem Boot auf dem Yukon zwischen den Orten Eagle und Circle, die beide nur einige Kilometer außerhalb des Schutzgebietes liegen. Eagle erreichen Sie über den Taylor Highway und Circle über den Steese Highway. Beide Orte besitzen Campingplätze.

- Superintendent, Yukon-Charley Rivers National Preserve, P.O. Box 167, Eagle, AK 99738, Tel.: 907-547-2233 www.nps.gov/yuch/index.htm

N 15 Arctic National Wildlife Refuge and Wilderness

Dieses Gebiet (73 000 km²) ganz oben in Alaskas Norden umfaßt die flache Küstenebene am Nordpolarmeer, die höchsten Berge der Brooks-Kette und die südlichen Hügel am Fuß des Gebirges. Die Vielfalt der Fauna ist beeindruckend. Vor der Küste schwimmen Wale und Robben. Eisbärinnen gebären im Winter ihren Nachwuchs in Schneehöhlen. Die Porcupine-Herde, die etwa 160 000 Karibus (S. 150) zählt, kalbt Anfang Juni in der Küstenebene, und Millionen Vögel (135 Arten) verbringen den Sommer dort. Anfang September treffen mehr als 300 000 Schneegänse zu einem Zwischenstopp auf den Weg nach Süden ein. Moschusochsen wandern über die Feuchttundra der Ebene. Alpine Tundra überzieht die Hänge der Brooks-Kette, auf denen etwa 10 000 Dallschafe innerhalb des Schutzgebietes herumklettern. An den Südhängen geht die Tundra in borealen Wald über. Hier leben alle für diese Vegetationszone typischen Tiere (s.S. 126, 129). Wege oder Einrichtungen für Besucher sind nicht vorhanden. Lufttaxis von Deadhorse Arctic Village, Kaktovik und Fort Yukon bringen Sie in das Schutzgebiet.

Yukon Flats National Wildlife Refuge (N 13).

Beide Orte besitzen Linienverbindungen mit Fairbanks.

- Fish and Wildlife Service, Arctic National Wildlife Refuge, 101 12th Ave., Box 20, Fairbanks, AK 99701, Tel.: 907-456-0250 www.arctic.fws.gov

N 16 Noatak National Preserve

Zweimal im Jahr ziehen bis zu einer halben Million Karibus der westarktischen Herde durch diesen Teil der Brooks-Kette (26 500 km²) . Dabei müssen sie den Noatak River (s.S. 163) überwinden, der in einem gewaltigen Becken liegt, eingeschlossen von De-Long- und Baird-Bergen. Auf dem Noatak läßt sich das Schutzgebiet von Ost nach West am einfachsten erkunden. Die Vegetation verändert sich in dieser Richtung: Der boreale Wald wird immer spärlicher und geht schließlich in Tundra über, die sich bis zur Küste ausdehnt.

Das Schutzgebiet ist reine Wildnis. Zugang bieten Lufttaxis z. B. von Kotzebue und Bettles. Beide Orte verfügen über Linienflugverbindungen nach Fairbanks.

- Northwest Alaska Areas, Nationalpark Service, P.O. Box 1029, Kotzebue, AK 99752 Tel.: 907-442-3760 oder -3890 www.nps.gov/noat/index.htm

N 17 Kobuk-Valley-Nationalpark

Sanddünen wie in einer Wüste liegen in dem breiten Tal des Kobuk. Auf 65 km² breitet sich die größte aus. Andere erreichen Höhen von 30 m. Winde haben den von Gletschern fein zermahlenen Sand dorthin getragen und angehäuft. Das Zentrum des Nationalparks (6888 km²) bildet der Kobuk River, der durch borealen Wald in die Tundra fließt. Ihn müssen eine halbe Million Karibus der westarktischen Herde (s.S. 150) auf ihren jährlichen Wanderungen durchqueren. U.a. durchstreifen auch Braunbären (s.S. 92), Elche (S. 108) und Wölfe (s.S. 127) den Park. Ausgrabungen zeigen, daß Menschen schon vor 12 000 Jahren hier gelebt haben.
Der Kobuk River ist innerhalb des Parks ein leicht befahrbarer Fluß, den auch weniger erfahrene Paddler bewältigen können. Zugang bieten Lufttaxis, z. B. von Kotzebue und Bettles. Beide Orte verfügen über Linienflugverbindungen nach Fairbanks.

- Northwest Alaska Areas,
  Nationalpark Service, P.O. Box 1029,
  Kotzebue, AK 99752
  Tel.: 907-442-3760 oder -3890
  www.nps.gov/kova/index.htm

N 18 Cape Krusenstern National Monument

114 Strandwälle zeigen die Veränderungen der Küstenlinie an der Tschuktschensee. Fundgegenstände in den einzelnen Wällen berichten in chronologischer Reihenfolge über Kulturen, die hier in den letzten 4000 Jahren existierten. Im wesentlichen ist das Monument (2190 km²) eine Küstenebene (Feuchttundra) mit Lagunen und wellenförmigen Hügeln weiter landeinwärts (trockene Tundra). Karibus, Grizzlys, Elche und Wölfe sind die größeren Tiere, die im Monument leben. Das Gebiet erreicht man mit einem Lufttaxi oder einem gecharterten Boot von Kotzebue (Hotel). Kotzebue wird von Linienmaschinen aus Anchorage und Fairbanks angeflogen.

- Northwest Alaska Areas,
  Nationalpark Service, P.O. Box 1029,
  Kotzebue, AK 99752
  Tel.: 907-442-3760 oder -3890
  www.nps.gov/cakr/index.htm

N 19 Bering Land Bridge National Preserve

Wenn Sie hier an der Küste der Beringstraße stehen, ist Rußland nur noch 5 km entfernt. Während der Eiszeit war dieses Gebiet als Teil der Bering-Landbrücke (s.S. 20) wahrscheinlich eine der Hauptrouten, auf denen Menschen und Tiere aus Asien nach Nordamerika einwanderten. Viele prähistorische Funde wurden hier gemacht. Das Gebiet hat heiße Quellen und Lavafelder. Die Vegetation besteht aus Feuchttundra an der Küste und Trockentundra auf wellenförmigen Hügeln. Robben, Walrösser und Wale schwimmen in den Küstengewässern. Vögel brüten im Flachland. Einige angesiedelte Moschusochsen leben in der Gegend von Ikpek Lagoon. Rentierherden, einst aus Sibirien eingeführt, werden von den Eskimos gehalten. U.a. leben auch Elch (S. 108), Grizzly (S. 92) und Eisfuchs (S. 112) in der Tundra.
In das weglose Gebiet gelangt man nur mit Lufttaxis – in der Regel von Kotzebue (Hotel) oder auch Nome (Hotel). Beide Orte sind durch Fluglinien mit Anchorage und Fairbanks verbunden.

- National Park Service
  P.O. Box 220, Nome, AK 9976
  Tel.: 907-443-2522
  Fax: 907- 443-6139
  www.nps.gov/bela/index.htm

Vor der Reise

Information

Alaska ist im deutschsprachigen Raum mit einem Touristenbüro vertreten, das Informationsmaterial zur Verfügung stellt und Ihnen Auskünfte erteilt:

- Alaska Representative Germany
  Tourismus Marketing
  Postfach 1425
  D-61284 Bad Homberg Germany
  +49 (0)6172-921601
  Es-tm@t-online.de
  www.alaska-travel.de

Einreise (Visum, Zoll, Devisen)

Bei einem Aufenthalt von nicht mehr als 90 Tagen benötigen Sie nur einen Reisepaß. Voraussetzungen sind, daß sie ein Rückflugticket besitzen und mit einer Fluggesellschaft ins Land kommen, die dem laufenden Pilotprogramm der Visabefreiung angeschlossen ist. Auch bei der Einreise über den Landweg reicht der Reisepaß, wenn sie ausreichend Geldmittel für die Ferienzeit und einen festen Wohnsitz außerhalb der USA nachweisen können. Ansonsten benötigen sie ein Visum. Dies ist auch der Fall, wenn Ihr Reisepaß nicht mehr den gewünschten Anforderungen entspricht. Da sich die Bestimmungen jederzeit ändern können, informieren Sie sich deshalb rechtzeitig über den aktuellen Stand.

Weitere Auskünfte erteilt der Visainformationsdienst unter Tel.: 0900 1-850055 (EUR 1.86/Min), 7–20 Uhr, Montag – Freitag. Neue Servicenummer für Antragsteller außerhalb Deutschlands und für Anrufer, die die 0900 Nummern nicht erreichen können: +49 (0)9131-772-2270. EUR 15 pro Anruf, Zahlung erfolgt per Kreditkarte, MasterCard und Visa werden akzeptiert. Dieser Service steht nur auf Englisch zur Verfügung. 7–20 Uhr, Montag – Freitag. Visa stellen die Botschaften oder Konsulate aus.

Adressen:

Botschaften der Vereinigten Staaten

- Neustädtische Kirchstr. 4–5
  10117 Berlin
  Tel.: 030-2385 174
  www.us-botschaft.de
- Boltzmanngasse 16
  A-1090 Wien
  Tel.: (+43-1) 31339-0
  www.vienna.usembassy.gov/de/embassy/index.html
- Jubilaumsstrasse 95
  CH-3005 Bern
  Tel.: 031 357 72 34 (14:00–17:00 Uhr)
  http://bern.usembassy.gov/index.html

Gesundheit

Alaskas große Städte verfügen über moderne Krankenhäuser. In der Regel reicht aber die ärztliche Versorgung in einer der kleinen Kliniken aus, die im ganzen Land verstreut sind. Da die Kosten ärztlicher Behandlung sehr hoch sind und es im unwegsamen Gelände schnell mal zu einer Verletzung kommen kann, empfiehlt sich der Abschluß einer entsprechenden Krankenversicherung.

Reisezeit

Reisezeit ist in Alaska von Mai bis September. Die meisten Touristen besuchen das Land zwischen Ende Juni und Ende August. Jeder Abschnitt hat seine Vor- und Nachteile. Juni/Juli bedeutet viele blühende Pflanzen und Mengen von Moskitos. Juli/August ist die wärmste Zeit mit schon deutlich weniger stechenden Insekten während des Augusts. Ab etwa Mitte September leuchten Taiga und Tundra Zentralalaskas in bunten Herbstfarben, aber die Temperaturen sind in der Regel schon sehr niedrig und das Wetter ungemütlich. Im einzelnen

Das Flugzeug ist in vielen Fällen das einzige Transportmittel, um ein Schutzgebiet zu erreichen.

richtet sich die beste Reisezeit natürlich nach Ihrem Vorhaben und ist abhängig von der Klimazone des Gebietes, das Sie besuchen wollen (s. Reiseziele).

Anreise

Mit dem Flugzeug

Flüge von europäischen Flughäfen gehen direkt nach Anchorage oder Fairbanks. Kommt man aus den südlicheren 48 Staaten der USA, kann man neben Anchorage z. B. auch Fairbanks, Juneau, Sitka und Ketchikan direkt von Seattle aus erreichen.

Mit dem Schiff

Fähren des Alaska Marine Highway Systems laufen von Bellingham (liegt bei Seattle im Bundesstaat Washington) oder Prince Rupert (Kanada) die Häfen Südostalaskas an: Ketchikan, Wrangell, Petersburg, Sitka, Juneau, Haines und Skagway. Frühzeitig buchen (Reservierungen ab Januar möglich). Adresse:

- Reservations:
  Alaska Marine Highway System – Reservations
  P.O. Box 112505
  6858 Glacier Highway
  Juneau, AK 99801-2505
  www.dot.state.ak.us/amhs/index.html

Mit dem Auto

Aus Kanada kann man über den Alaska Highway (2244 km lang) in den Norden reisen. Er verbindet Dawson Creek (Kanada) mit Fairbanks.

Reisen im Land

Mit dem Flugzeug

Ohne Flugzeug wären viele Orte Alaskas von der Außenwelt abgeschnitten. Es gibt kaum eine Ansammlung von Häusern, die nicht regelmäßig angeflogen wird – und sei es nur von einer Maschine, die neben Gepäck gerade 2 Passagieren Platz bietet. Diese kleinen Maschinen regionaler Fluggesellschaften starten meist von Orten, die mit Städten wie Anchorage, Fairbanks oder Juneau verbunden sind. Aber häufig läßt sich das gewünschte Ziel in der Wildnis nur mit einem teuren Lufttaxi erreichen, das zum Stundentarif gemietet werden kann.

Mit dem Schiff

Neben dem regelmäßigen Fährverkehr in Südostalaska zwischen den großen Orten (s. Anreise), gibt es auch Verbindungen zu den Dörfern Hyder, Metlakatla, Hollis, Kake, Angoon, Tenakee und Hoonah.
Zweimal im Monat fährt eine Fähre von Südostalaska (Prince Rupert, Ketchikan, Juneau) über Yakutat weiter bis nach Whittier in Südzentralalaska.
In Südzentralalska gibt es regelmäßige Fährverbindungen zwischen Cordova, Valdez, Whittier, Chenega Bay, Seldovia, Homer und Kodiak.
Eine weitere Linie startet von Homer und Kodiak und steuert in Südwestalaska kleinere Häfen der Aleutenkette an: Kodiak – Port Lions – Chignik – Sand Point – King Cove – Cold Bay – False Pass – Dutch Harbor.

Mit der Bahn

Bahnlinien:

- Anchorage – Denali – Fairbanks,
- Anchorage – Seward (nur im Sommer),
- Anchorage – Whittier.
- Reservierung & Information:
  Tel.: 907-265-2494
  Mo-Fr 7:00–17:00 Uhr
  Tel.: 800-544-0552
  www.alaskarailroad.com

In Südostalaska fährt eine historische Eisenbahn von Skagway über den White Pass nach Carcross. Von dort kann man mit einem Bus weiter bis nach Whitehorse (Kanada) fahren.

Reservierung:

- Tel.: 1-800-343-7373
  Fax: 907-983-2734
  P.O. Box 435, 231 Second Avenue
  (corner of Second & Spring)
  Skagway, AK 99840-0435
  www.whitepassrailroad.com

Mit dem Mietauto

Falls Sie mit einem Auto Alaska bereisen wollen, sollten Sie zu Hause die Kombinationsangebote (Flug+Mietwagen) der Reiseveranstalter prüfen. So kommen Sie oft billiger zu Ihrem Wagen, als wenn Sie ihn erst vor Ort mieten. Auf jeden Fall empfiehlt sich für die Hochsaison eine frühzeitige Reservierung.

Sie brauchen neben einem Führerschein (der deutsche genügt) unbedingt eine Kreditkarte, wenn sie einen Wagen in Alaska mieten wollen.

Mit dem Bus

Busverbindungen existieren zum Beispiel von Anchorage zu folgenden Orten: Girdwood, Whittier, Seward/Cooperlanding, Homer, Valdez, Talkeetna, Denali National Park und Fairbanks.

- Alaska Transportation Group,
  Reservierung: Tel.: 907-952-1249
  www.alaskatransportation.net

Unterwegs in der Wildnis

Bären

Bären sind gefährliche, manchmal schwer berechenbare Raubtiere, aber sie sitzen nicht im Dickicht und lauern Wanderern auf. Meistens meiden sie den Menschen. Begegnungen kommen fast immer ungewollt zustande oder durch falsche Verhaltensweisen des Menschen. Deshalb hier einige Grundregeln, wie man Konfrontationen in der Wildnis meidet:

- Bewahren Sie alle Nahrungsmittel und duftende Sachen (z. B. Zahncreme) mindestens 100 m weit weg von ihrem Zelt auf (in einen Baum hängen oder bärensichere Behälter verwenden).
- Essen Sie mindestes 100 m entfernt von Ihrem Schlafplatz.
- Wenn Sie durch Dickicht laufen, machen Sie sich bemerkbar (singen, klatschen, laut sprechen).
- Wandern sie nach Möglichkeit nicht allein, sondern in kleinen Gruppen.

Kommt es doch zu einer Konfrontation:

- Nicht weglaufen, der Bär ist mit 55 km/h schneller, sondern langsam zurückweichen.
- Identifizieren Sie sich, sprechen Sie den Bären mit fester, ruhiger Stimme an.
- Machen Sie sich größer, Hände nach oben.
- Greift er an, stellen Sie sich tot – zusammengekrümmt wie ein Ball auf den Boden, die Hände schützend in den Nakken. Er verliert meistens schnell das Interesse und läßt von seinem Opfer ab. In der Regel betrachtet der Bär den Menschen nicht als Nahrungsquelle, sondern als Eindringling.

Dies sind kurzgefaßt Empfehlungen von Wildbärenbiologen, die als Merkblätter in den Besucherzentren ausliegen. Obwohl die Einheimischen viele Geschichten mit gefährlichen Bärenbegegnungen kennen, gibt es laut Statistik etwa 1 Unfall pro Jahr mit tödlichem Ausgang.

Flußdurchquerung

Wandern in der Wildnis bedeutet auch, daß Flüsse durchquert werden müssen. Informieren Sie sich vor einer Wanderung im Besucherzentrum oder der Rangerstation über die geeignetsten Stellen und die sichersten Techniken (z.B. diagonal gegen die Strömung gehen, Rucksackschnallen öffnen, Stock als Stütze benutzen oder bei mehrern Personen sich gegenseitig stützen). WICHTIG: Ein Paar Extraschuhe (z.B. Turnschuhe) nur für die Flußdurchquerung sollten Sie dabeihaben. Barfuß verletzt man sich leicht und man findet keinen Halt in der reißenden Strömung.

Geführte Wandertouren/Flußfahrten

Für fast alle Reiseziele bieten private Veranstalter geführte Wander- und Tierbeobachtungstouren oder Flußfahrten an. Bei den entsprechenden Parkverwaltungen können Sie meist eine Liste erhalten, mit für dieses Gebiet lizensierten Veranstaltern und Ausrüstern. Die Ausrüstung wird in einigen Fällen gestellt, kann aber auch gemietet werden, wenn Sie z.B. eine Bootstour auf eigene Faust unternehmen möchten. Frühzeitige Buchungen sind zu empfehlen.

Hypothermie (Unterkühlung)

Eine der größten Gefahren auf einer Wildnistour in Alaska ist die Hypothermie. Erschöpfung, Regen und Wind sowie feuchte Kleidung beschleunigen sehr schnell die Auskühlung des Körpers. Frühe Symptome sind Zittern, langsames Sprechen, unbewegliche Hände, Straucheln und Erschöpfung. Rechtzeitig erkannt, kann der

Begegnungen mit Bären sind in Alaska auf jeder Wanderung möglich.

Auskühlungsprozeß leicht gestoppt werden: Pause an geschützter Stelle machen, trockene warme Sachen anziehen, heiße Getränke zu sich nehmen, in den Schlafsack kriechen evtl. zusammen mit einer anderen Person. Unbehandelt kann sich der Auskühlungsprozeß bis zum Tod fortsetzen.

Lebensraum

Sie bewegen sich in empfindlichen Lebensräumen. In der arktischen Tundra benötigt niedergetrampelte Vegetation oft Jahre bis sie sich wieder erholt hat. Deshalb hinterlassen Sie möglichst wenig Spuren und nehmen Sie den Abfall wieder mit.

Sicherheit

Informieren Sie immer jemanden – am besten die entsprechende Parkverwaltung – über Wanderroute und Dauer des Vorhabens. Gehen Sie möglichst nicht allein.

Trinkwasser

In vielen Flüssen und Bächen kommt der Einzeller *Giardia intestinalis* vor. Er verursacht die Lamblienruhr mit Durchfall und Bauchschmerzen. Abkochen oder die chemische Behandlung des Wassers tötet ihn.

Wandern

Wenn Sie in Alaska wandern, sind Sie nur auf sich gestellt und Selbstversorger. Alles, was zum Leben notwendig ist, müssen Sie auf dem Rücken tragen. Der Wildnisaufenthalt kann länger dauern als geplant, wenn z. B. die Wetterverhältnisse die Landung des bestellten Flugzeugs unmöglich machen. Deshalb sollte der Proviant nicht zu knapp bemessen sein.

Sonstiges

Angeln und Jagen

Angeln können Sie in jeder Region Alaskas, wenn Sie eine entsprechende Lizenz besitzen. Lizenzen für Besucher sind fast überall erhältlich und werden u.a. in Geschäften mit Angelzubehör verkauft. Sie können den Angelschein auch online erwerben. Mit dem Angelschein erhalten Sie außerdem eine Broschüre des Alaska Department of Fish & Game, in der genau beschrieben ist, was wo zu welcher Zeit gefangen werden darf oder welche Köder und Haken erlaubt sind.

Adresse:

- Alaska Department of Fish & Game:
  P.O. Box 25526, Juneau, AK 99802
  Tel.: 907-465-2376
  www.adfg.state.ak.us

Hier bekommen Sie auch die für Alaska gültigen Jagdvorschriften.

Geld

Mit einer Kreditkarte (Visa, Mastercard, American Express) können Sie in Alaska fast überall bezahlen, oder per EC-Karte Geld direkt am Geldautomaten abheben.

Öffnungszeiten

Einige große Supermärkte haben 24 Stunden geöffnet. Die meisten Geschäfte: 9.30–18 Uhr, Montag bis Samstag.
Banken: 10–17 Uhr, Montag bis Freitag.

Kleidung

Sie müssen im Sommer auf alles gefaßt sein, heiße Tage, Frost und Schneeregen. Sie brauchen warme Kleidung, die Sie nach Bedarf möglichst in mehreren Schichten übereinanderziehen können. Außerdem dürfen gut eingelaufene Wanderstiefel nicht fehlen.

Pazifischer Heilbutt: Ausbeute einer halbtägigen Angeltour.

Moskitos

In einigen Gebieten (z. B. Feuchttundra) und zu bestimmten Zeiten (besonders Juni/Juli) sind die kleinen Stechmücken eine Plage. Dicht, gleich schwarzen Rauchwolken, schwirren sie umher und dringen in alle Ritzen. Schützen kann man sich nur durch Hüte mit herunterhängenden Moskitonetzen und Abwehrmitteln zum Einreiben.

Telefon

Am einfachsten ist das Telefonieren ohne Bargeld mit einer Telefonkarte, die die amerikanischen Gesellschaften akzeptieren. Dann können Sie von jedem Apparat aus anrufen und auch problemlos die öffentlichen Münztelefone benutzen. Sie müssen vor Beginn des Gesprächs lediglich ihre Kartennummer eintippen. Vorwahl für Deutschland: 01149, für Österreich: 01143, für die Schweiz: 01141.

Unterkunft

In den größeren Städten gibt es Hotels jeder Kategorie. An den Highways liegen Motels und kleinere Unterkünfte. Allgemein gilt, je abgelegener das Gebiet, um so teurer die Unterkunft. Dort erzielen schon einfache Betten fürstliche Preise. Campingplätze – private und öffentliche – finden sich im wesentlichen entlang des Straßennetzes.

Zeit

Der Zeitunterschied zwischen Anchorage und Mitteleuropa (Sommerzeit) beträgt 10 h.

Literatur

ADMIRALTY ISLAND; Alaska Geographic, Vol. 18, No. 3; Anchorage, 1992.

ALASKA WILD BERRY GUIDE & COOKBOOK; Alaska Northwest Books; Bothell, 1982/90.

ALASKA'S BEARS; Alaska Geographic, Vol. 20, No. 4; Anchorage, 1993.

ALASKA'S GLACIERS; Alaska Geographic, Vol. 9, No. 1; Anchorage, 1982/93.

ALASKA'S MAGNIFICENT EAGLES; Vol. 24, No. 4; Anchorage, 1997.

ALASKA'S VOLCANOES; Alaska Geographic, Vol. 18, No. 2; Anchorage, 1991.

ARCTIC NATIONAL WILDLIFE REFUGE; Alaska Geographic, Vol. 20, No. 3; Anchorage, 1993.

ARMSTRONG, ROBERT H.: Guide to the Birds of Alaska, Alaska Northwest Books; Bothell, 1980/91.

BODEAU, JEAN: Katmai National Park and Preserve, Alaska, Alaska Natural History Association; Anchorage, 1992.

CONNOR, CATHY/O'HAIRE, DANIEL: Roadside Geology of Alaska, Mountain Press Publishing Company; Missoula, 1988/93.

DuFRESNE, JIM: Glacier Bay National Park, The Mountaineers, Seattle, 1987.

EXPLORING ALASKA'S BIRDS; Alaska Geographic, Vol. 28, No. 1; Anchorage, 2001.

FORBES, SHERI: The Nature of Denali, Alaska Natural History Association; Denali National Park, 1992.

GLACIER BAY; Offical National Park Handbook, Division of Publications National Park Service; Washington D.C., 1983.

HEACOX, KIM: The Denali Road Guide, Alaska Natural History Association; Denali National Park, 1986/90.

HIRSCHMANN, FRED / HEACOX, KIM: Alaska's National Parks, Graphic Arts Center Publishing Company; Portland, Oregon, 1990.

INUPIAQ AND YUPIK; Alaska Geographic, Vol. 28, No. 3; Anchorage, 2001.

ISLANDS OF THE SEALS, THE PRIBILOFS; Alaska Geographic, Vol. 9, No. 3; Anchorage, 1982.

JANS, NICK: The Grizzly Maze, Plume Book; New York, 2006.

JETTMAR, KAREN: The Alaska River Guide, Alaska Northwest Books; Seattle, 1993.

KING, MARY LOU: 90 Short Walks Around Juneau, Mary Lou King, 1987/92.

KODIAK; Alaska Geographic, Vol. 19, No. 3; Anchorage, 1992.

LANGDON, STEVE J.: The Native People of Alaska, Greatland Graphics, 1987.

LAPINSKI, MIKE: True Stories of Bear Attacks, West Winds Press; Oregon, 2004.

O'CLAIR, RITA M. / ARMSTRONG, ROBERT H. / CARSTENSEN, RICHARD: The Nature of Southeast Alaska, Alaska Northwest Books; Bothell, 1992.

PRATT, VERNA E.: Alaskan Wildflowers, Alaskakrafts Publishing; Anchorage, 1989.

PREHISTORIC ALASKA; Alaska Geographic, Vol. 21, No. 4; Anchorage, 1994.

PRINCE WILLIAM SOUND; Alaska Geographic, Vol. 20, No. 1; Anchorage, 1993.

RUDERT, MICHAEL: Bildatlas Special Alaska, HB-Verlags- und Vertriebsgesellschaft mbH; Hamburg, 1999.

RUSSIAN AMERICA; Alaska Geographic, Vol. 26, No. 4; Anchorage, 1999.

SEALS, SEA LIONS AND SEA OTTERS; Alaska Geographic, Vol. 27, No. 2; Anchorage, 2000.

SIMMERMANN LANGE, NANCY: Alaska's Parklands, The Mountaineers; Seattle, 1983/91.

STROMSEM, NANCY E.: A Guide to Alaskan Seabirds, U.S. Fish and Wildlife Service, U.S. Department of the Interior; Anchorage, 1982/89.

SWENSEN, EVAN AND MARGARET: The Hiker's Guide to Alaska, Falcon Press Publishing Co., Inc.; Helena, Montana, 1992.

THE ALASKA WIDERNESS GUIDE; Vernon Publications; Bellevue, 1993.

THE IDITAROD; Alaska Geographic, Vol. 28, No. 4; Anchorage, 2001.

THE MILEPOST; 58th Edition; Vernon Publications; Bellevue, 2006.

TREADWELL, TIMOTHY: Living with Wild Bears in Alaska, Ballantine Books; New York, 2005.

WALKER, TOM: The Way of the Grizzly, Voyageur Press; Vancouver, 1993.

WOLFE, ART: Alakshak The Great Country, Sierra Club Books; San Francisco, 1989.

WORLD HERITAGE WILDERNESS; Alaska Geographic, Vol. 26, No. 2; Anchorage, 1999.

WYNNE, KATE: Guide to Marine Mammals of Alaska, University of Alaska; Fairbanks, 1992.

Bärin mit ihrem Nachwuchs auf der Suche nach einem geeigneten Platz zum Lachsfang. Im ersten Lebensjahr bleiben Bären besonders dicht bei der Mutter.

Wörterbuch

Deutsch / Englisch / Wissenschaftlich

Pflanzen

Ähriges Tausendblatt / Spike Watermilfoil / Myriophyllum spicatum
Alaska-Steinbrech / Alaska Saxifrage / Saxifraga ferruginea
Alaskaweide / Alaska Willow / Salix alaxensis
Alpenazalee / Alpine Azalea / Loiseleuria procumbens
Alpenbärentraube / Alpine Bearberry / Arctostaphylos alpinus
Alpengelbling / Sibbaldia / Sibbaldia procumbens
Alpentragant / Alpine Milk Vetch / Astragalus alpinus
Alpenvergißmeinnicht / Alpine Forget-me-not / Myosotis alpestris
Amerikanischer Ehrenpreis / Speedwell / Veronica americana
Arnika / Arnica / Arnica chamissonis

Balsampappel / Balsam Poplar / Populus balsamifera
Bärenklau / Cow Parsnip / Heracleum lanatum
Bärlapp / Club Moss / Lycopodium sp.
Bartflechte / Old Man's Beard / Usnea barbata
Berghähnlein / Narcissus-flowered Anemone / Anemone narcissiflora
Birke / Birch / Betula sp.
Blauglöckchen / Bluebells / Mertensia paniculata

Dotterblume s. Sumpfdotterblume

Egedes Fingerkraut / Beach Cinquefoil / Potentilla Egedii
Erdglöckchen / Twin Flower / Linnaea borealis
Erle / Alder / Alnus sp.
Espe (Zitterpappel) / Quaking Aspen / Populus tremuloides

Fichtenspargel / Indian Pipe / Monotropa hypopitys
Fieberklee / Buckbean / Menyanthes trifoliata
Fingerkrautart / Villous Cinquefoil / Potentilla villosa

Gauklerblume / Yellow Monkey-flower / Mimulus guttatus
Gebirgshemlocktanne / Mountain Hemlock / Tsuga mertensiana
Götterblume / Shooting Star / Dodecatheon jeffreyii
Gränke / Bog Rosemary / Andromeda polifolia

Hahnenfuß / Buttercup / Ranunculus
Herzblatt / Grass of Parnassus / Parnassia palustris

Jakobsleiter / Beautiful Jacob's Ladder / Polemonium pulcherrimum

Kamtschatka-Rhododendron / Kamchatka Rhododendron / Rhododendron camtschaticum
Kanadischer Hartriegel / Dwarf Dogwood (Bunchberry) / Cornus canadensis
Knotenfuß / Watermelon Berry / Streptopus amplexifolius
Korallenwurz / Mertens' Coral-root / Corallorhiza mertensia
Krähenbeere / Crowberry / Empetrum nigrum
Kuckucksblume / Bog Candle / Platanthera dilatata

Laichkräuter / Pondweeds / Potamogeton sp.
Lappenrose / Lapland Rosebay / Rhododendron lapponicum

Milchkraut / Sea Milkwort / Glaux maritima
Moosbeere / Bog Cranberry / Vaccinium oxycoccus

Nordisches Labkraut / Northern Bedstraw / Galium boreale

Papierbirke / Paper Birch / Betula papyrifera
Pazifische Salzschwade / Pacific Alkaligrass / Puccinellia nutkaensis
Polarweide / Arctic Willow / Salix arctica
Preiselbeere / Low-Bush Craneberry / Vaccinium vitis-idaea

Rasen-Schmiele / Tufted Hairgrass / Deschampsia caespitosum
Rauschbeere / Bog Blueberry / Vaccinium uliginosum
Rentierflechte / Reindeer Mosses / Cladonia Rangiferina
Rosenwurz / Roseroot / Sedum rosea
Roter Steinbrech / Purple Mountain Saxifrage / Saxifraga oppositifolia
Rotes Christophkraut / Baneberry / Actaea rubra
Rundblättrige Glockenblume / Common Hareball / Campanula rotundifolia

Schachtelhalm / Horsetail / Equisetum sp.
Schafgarbe / Northern Yarrow / Achillea borealis
Scheidenwollgras / Alaska Cotton / Eriophorum vaginatum
Scheuchzer's Wollgras / Alaska Cotton / Eriophorum scheuchzeri
Schwarzfichte / Black Spruce / Picea mariana
Segge / Sedge / Carex sp.
Sibirische Aster / Siberian Aster / Aster sibiricus
Siebenstern / Star Flower / Trientalis europea
Silberwurz (gelbblühend) / Yellow Dryas (Drummond Mountain Avens) / Dryas drummondii
Silberwurz (weißblühend) / Mountain Avens / Dryas octopetala
Sitkabaldrian / Sitka Valerian / Valeriana sitchensis
Sitkaerle / Sitka Alder / Alnus sinuata
Sitkafichte / Sitka Spruce / Picea sitchensis
Stengelloses Leimkraut / Moss Campion / Silene Acaulis
Storchschnabel / Wild Geranium / Geranium erianthum
Stranderdbeere / Beach Strawberry / Fragaria chiloensis
Strand-Platterbse / Beach Pea / Lathyrus maritimus
Strandroggen / Beach Grass / Elymus arenarius
Strandwegerich / Goose-tongue / Plantago maritima
Sumpfdotterblume / Marsh Marigold / Caltha palustris
Sumpfporst / Labrador Tea / Ledum palustris

Teichrose / Yellow Pondlily / Nuphar polysepalum
Traubenholunder / Red-berried Elder / Sambucus racemosa

Vergißmeinnicht / Forget-me-not / Myosotis scorpioides

Waldfrauenfarn / Lady Fern / Athyrium filix-femina
Waldgeißbart / Goatsbeard / Aruncus sylvester
Waldweidenröschen / Common Fireweed / Epilobium angustifolium
Weide / Willow / Salix sp.
Weißfichte / White Spruce / Picea glauca
Westamerikanische Hemlocktanne / Western Hemlock / Tsuga heterophylla
Wollgras / Cotton Grass / Eriophorum sp.
Wolliges Läusekraut / Wooly Lousewort / Pedicularis kanei

Zwergbirke / Dwarf Birch / Betula nana
Zypressenheide / Bell Heather / Cassiope tetragona

Wirbellose

Borkenkäfer / Bark Beetle / Scolytidae
Bremsen / Horseflies / Tabanidae

Eiswurm / Ice Worm / Annelidae

Kriebelmücken / Blackflies / Simulium spp.

Stechmücken / Mosquitoes / Culicidae

Fische

Arktische Äsche / Arctic Grayling / Thymallus arcticus

Blaurückenlachs / Sockeye Salmon (Red) / Oncorhynchus nerka
Buckellachs / Pink Salmon / Oncorhynchus gorbuscha

Keta-Lachs / Chum Salmon (Dog) / Oncorhynchus keta
Kisutsch-Lachs / Coho Salmon (Silver) / Oncorhynchus kisutch

Nordischer Hecht / Northern Pike / Esox lucius

Pazifischer Heilbutt / Pacific Halibut / Hippoglossus stenolepis
Pazifischer Hering / Pacific Herring / Clupea harengus

Quinnat / Chinook Salmon (King) / Oncorhynchus tshawytscha

Regenbogenforelle / Rainbow Trout / Oncorhynchus mykiss

Seesaibling / Lake Trout / Salvelinus namaycush

Vögel

Alpenschneehuhn / Rock Ptarmigan / Lagopus mutus
Amerikanische Pfeifente / American Wigeon / Anas americana
Amerikanischer Goldregenpfeifer / Lesser Golden Plover / Pluvialis dominica
Amerikanischer Sandregenpfeifer / Semipalmated Plover / Charadrius semipalmatus

Bekassine / Common Snipe / Gallinago gallinago
Bergente / Greater Scaup / Aythya marila
Beringmöwe / Glaucous-winged Gull / Larus glaucescens
Bindenkreuzschnabel / White-winged Crossbill / Loxia leucoptera
Bläßgans / Greater White-fronted Goose / Anser albifrons
Braunmantel-Austernfischer / Black Oystercatcher / Haematopus bachmani
Brillenente / Surf Scoter / Melanitta perspicillata
Büffelkopfente / Bufflehead / Bucephala albeola

Diademhäher / Steller's Jay / Cyanocitta stelleri
Dickschnabellumme / Thick-billed Murre / Uria lomvia
Dreizehenmöwe / Black-legged Kittiwake / Rissa tridactyla
Dreizehenspecht / Three-toed Woodpecker / Picoides tridactylus
Drosseluferläufer / Spotted Sandpiper / Actitis macularia

Eisente / Oldsquaw / Clangula hyemalis
Eissturmvogel / Northern Fulmar / Fulmarus glacialis
Eistaucher / Common Loon / Gavia immer
Elster / Black-billed Magpie / Pica pica

Falkenraubmöwe / Long-tailed Jaeger / Stercorarius longicaudus
Felsengebirgshuhn / Blue Grouse / Dendragapus obscurus

Gänsesäger / Common Merganser / Mergus merganser
Gelbschenkel / Lesser Yellowlegs / Tringa flavipes
Gelbschopflund / Tufted Puffin / Fratercula cirrhata
Gerfalke / Gyrfalcon / Falco rusticolus
Grauwangendrossel / Gray-cheeked Thrush / Catharus minimus
Grauwasseramsel / American Dipper / Cinclus mexicanus
Großer Gelbschenkel / Greater Yellowlegs / Tringa melanoleuca

Haarspecht / Hairy Woodpecker / Picoides villosus
Habicht / Northern Goshawk / Accipiter gentilis
Halsbanddrossel / Varied Trush / Ixoreus naevius
Hornlund / Horned Puffin / Fratercula corniculata
Hudsonmeise / Boreal Chickadee / Parus hudsonicus

Junko / Dark-eyed Junco / Junco hyemalis

Kaisergans / Emperor Goose / Anser canagica
Kanadagans / Canada Goose / Branta canadensis
Kanadakleiber / Red-breasted Nuthatch / Sitta canadensis
Kanadakranich / Sandhill Crane / Grus canadensis
Kanadareiher / Great Blue Heron / Ardea herodias
Klippenmöwe / Red-legged Kittiwake / Rissa brevirostris
Kolkrabe / Common Raven / Corvus corax
Kragenente / Harlequin Duck / Histrionicus histrionicus
Krickente / Green-winged Teal / Anas crecca
Küstenseeschwalbe / Arctic Tern / Sterna paradisaea
Kurzschwanz-Sturmtaucher / Short-tailed Shearwater / Puffinus tenuirostris

Löffelente / Northern Shoveler / Anas clypeata

Marmelalk / Marbled Murrelet / Brachyramphus marmoratus
Meerscharbe / Pelagic Cormorant / Phalacrocorax pelagicus
Meisenhäher / Gray Jay / Perisoreus canadensis
Moorschneehuhn / Willow Ptarmigan / Lagopus lagopus

Nashornalk / Rhinoceros Auklet / Cerorhinca monocerata

Odinshühnchen / Red-necked Phalarope / Phalaropus lobatus
Ohrenscharbe / Double-crested Cormorant/ Phalacrocorax auritus
Ohrentaucher / Horned Grebe / Podiceps auritus

Rauhfußkauz / Boreal Owl / Aegolius funereus
Ringelgans / Brant / Branta bernicla
Rotgesichtsscharbe / Red-faced Cormorant / Phalacrocorax urile
Rothalstaucher / Red-necked Grebe / Podiceps grisegena
Rotschnabelalk / Parakeet Auklet / Cyclorrhynchus psittacula
Rubingoldhähnchen / Ruby-crowned Kinglet / Regulus calendula

Samtente / White-winged Scoter / Melanitta fusca
Scheckente / Steller's Eider / Polysticta stelleri
Schmarotzerraubmöwe / Parsitic Jaeger / Stercorarius parasiticus
Schnee-Eule / Snowy Owl / Nyctea scandiaca
Schneegans / Snow Goose / Anser caerulescens
Schopfalk / Crested Auklet / Aethia cristatella
Schwarzkopfmeise / Black-capped Chickadee / Parus atricapillus
Silberalk / Ancient Murrelet / Synthliboramphus antiquus
Silbermöwe / Herring Gull / Larus argentatus
Spatelente / Barrow's Goldeneye / Bucephala islandica
Sperbereule / Northern Hawk Owl / Surnia ulula
Spießente / Northern Pintail / Anas acuta
Steinadler / Golden Eagle / Aquila chrysaetos
Sterntaucher / Red-throated Loon / Gavia stellata
Stockente / Mallard / Anas platyrhynchos
Sturmmöwe / Mew Gull / Larus canus
Sumpfohreule / Short-eared Owl / Asio flammeus
Sundkrähe / Northwestern Crow / Corvus caurinus

Tannenhuhn / Spruce Grouse / Dendragapus canadensis
Taubenteiste / Pigeon Guillemot / Cepphus columba
Townsendwaldsänger / Townsend's Warbler / Dendroica townsendi
Trompeterschwan / Trumpeter Swan / Cygnus buccinator
Trottellumme / Common Murre / Uria lomvia

Vancouver-Kanadagans / Vancouver Canada Goose / Branta canadensis fulva
Virginia-Uhu / Great Horned Owl / Bubo virginianus

Wanderdrossel / American Robin / Turdus migratorius
Wanderlaubsänger / Arctic Warbler / Phylloscopus borealis
Weißkopfseeadler / Bald Eagle / Haliaeetus leucocephalus
Wellenläufer / Leach's Storm-Petrel / Oceanodroma leucorhoa

Zaunkönig / Winter Wren / Troglodytes troglodytes
Zwergalk / Least Auklet / Aethia pusilla
Zwergschwan / Tundra Swan / Cygnus columbianus

Säuger

Arktisches Erdhörnchen / Arctic Ground Squirrel / Spermophilus parryii

Bartrobbe / Bearded Seal / Erignathus barbatus
Berglemming / Brown Lemming / Lemmus trimucronatus
Bisamratte / Muskrat / Ondatra zibethicus
Bison / Bison / Bison bison
Braunbär / Brown Bear, Grizzly / Ursus arctos
Buckelwal / Humpback Whale / Megaptera novaeangliae

Dallschaf / Dall's Sheep / Ovis dalli

Eisbär / Polar Bear / Thalarctos maritimus
Eisfuchs / Arctic Fox / Alopex lagopus
Eisgraues Murmeltier / Hoary Marmot / Marmota caligata
Elch / Moose / Alces alces

Fichtenmarder / Marten / Martes americana
Finnwal / Finback Whale / Balaenoptera physalus

Grauwal / Gray Whale / Eschrichtius robustus
Grönländischer Halsbandlemming / Collared Lemming / Dicrostonyx groenlandicus

Hermelin / Shorttail Weasel, Ermine / Mustela erminea

Kalifornischer Seelöwe / California Sea Lion / Zalophus californicus
Karibu / Caribou / Rangifer tarandus
Kanadaluchs / Lynx / Lynx canadensis
Kanadischer Biber / Beaver / Castor canadensis
Kleine Braune Fledermaus / Little Brown Bat / Myotis lucifugus
Kleinstwiesel / Least Weasel / Mustela nivalis
Kojote / Coyote / Canis latrans

Langschwanzwühlmaus / Long-tailed Vole / Microtus longicaudus

Mink (Amerikanischer Nerz) / Mink / Mustela vison
Moschusochse / Muskox / Ovibos moschatus

Nordamerikanischer Baumstachler / Porcupine / Erethizon dorsaum
Nordamerikanischer Fischotter / River Otter / Lutra canadensis
Nordische Wühlmaus / Tundra Vole / Microtus oeconomus

Nördlicher Seebär (Pelzrobbe) / Northern Fur Seal / Callorhinus ursinus
Nördlicher See-Elefant / Northern Elephant Seal / Mirounga angustirostris

Pazifischer Delphin / Pacific White-sided Dolphin / Lagenorhynchus obliquidens
Pfeifhase / Collared Pika / Ochotona collaris
Polarrötelmaus / Northern Red-backed Vole / Clethrionomys rutilus
Pottwal / Sperm Whale / Physeter catodon

Ringelrobbe / Ringed Seal / Phoca hispida
Roosevelt-Hirsch / Roosevelt Elk / Cervus canadensis roosevelti
Rotfuchs / Red Fox / Vulpes vulpes
Rothörnchen / Red Squirrel / Tamiasciurus hudsonicus

Schneeschuhhase / Snowshoe Hare / Lepus americanus
Schneeziege / Mountain Goat / Oreamnos americanus
Schwarzbär / Black Bear / Ursus americanus
Schwarzschwanz-Maultierhirsch / Sitka Black-tailed Deer / Odocoileus hemionus sitkensis
Schweinswal / Harbor Porpoise / Phocoena phocoena
Schwertwal / Killer Whale / Orcinus orca
Seehund / Harbor Seal / Phoca vitulina
Seeotter / Sea Otter / Enhydra lutris
Stellers Seelöwe / Steller's Sea Lion / Eumetopias jubatus
Streifenrobbe / Ribbon Seal / Phoca fasciata

Tundrahase / Tundra Hare / Lepus othus
Tundraspitzmaus / Tundra Shrew / Sorex tundrensis

Vielfraß / Wolverine / Gulo gulo

Waldmurmeltier / Woodchuck / Marmota monax
Walroß / Walrus / Odobenus rosmarus
Weißwal (Beluga) / White Whale, Beluga / Delphinapterus leucas
Wolf / Wolf / Canis lupus

Zwergwal / Minke Whale / Balaenoptera acutorostrata

Aufmerksam wird ein weit entfernt vorbeiziehender Bär beobachtet. Männliche Bären sind eine große Gefahr für den Nachwuchs.

Englisch / Deutsch

Arten, die keinen deutschen Namen haben, sind hier mit ihrem wissenschaftlichen Artnamen verzeichnet.

Pflanzen

Alaska Cotton / Scheuchzer's Wollgras
Alaska Poppy / Papaver alaskanum
Alaska Saxifrage / Alaska-Steinbrech
Alaska Willow / Alaskaweide
Alder / Erle
Alpine Arnica /Arnica angustifolia
Alpine Azalea / Alpenazalee
Alpine Bearberry / Alpenbärentraube
Alpine Forget-me-not / Alpenvergißmeinnicht
Alpine Milk Vetch / Alpentragant
Arctic Lupine / Lupinus arcticus
Arctic Willow / Polarweide
Arnica / Arnika

Balsam Poplar / Balsampappel
Baneberry / Rotes Christophkraut
Beach Cinquefoil / Egedes Fingerkraut
Beach Grass / Strandroggen
Beach Pea / Strand-Platterbse
Beach Strawberry / Stranderdbeere
Beautiful Jacob's Ladder / Jakobsleiter
Bell Heather / Zypressenheide
Birch / Birke
Black Cottonwood / Populus trichocarpa
Black Spruce / Schwarzfichte
Bluebells / Blauglöckchen
Bog Blueberry / Rauschbeere
Bog Candle / Kuckucksblume
Bog Cranberry / Moosbeere
Bog Rosemary / Gränke
Bristly Black Currant / Ribes lacustre
Buckbean / Fieberklee
Buttercup / Hahnenfuß

Capitate Valerian / Valeriana Capitata
Chocolate Lily / Fritillaria camschatcensis
Club Moss / Bärlapp
Coastal Paintbrush / Castilleja unalaschensis
Common Fireweed / Waldweidenröschen
Common Hareball / Rundblättrige Glockenblume
Cotton Grass / Wollgras
Cow Parsnip / Bärenklau
Crowberry / Krähenbeere

Deer Cabbage / Fauria crista-galli
Devil's Club / Echinopanax horridum
Dog Violet / Viola adunca
Dwarf Birch / Zwergbirke
Dwarf Dogwood (Bunchberry) / Kanadischer Hartriegel

Elegant Goldenrod / Solidago lepida

False Hellebore / Veratrum viride
Fern-leaf Goldthread / Coptis asplenifolia
Forget-me-not / Vergißmeinnicht
Four-parted Gentian / Gentiana propinqua
Frigid Coltsfoot / Petasites frigidus

Glaucous Gentian / Gentiana glauca
Goatsbeard / Waldgeißbart
Goose-tongue / Strandwegerich
Grass of Parnassus / Herzblatt

High-bush Craneberry / Viburnum edule
Horsetail / Schachtelhalm

Indian Pipe / Fichtenspargel

Kamchatka Rhododendron / Kamtschatka-Rhododendron

Labrador Tea / Sumpfporst
Lady Fern / Waldfrauenfarn
Lapland Rosebay / Lappenrose
Large-flowered Wintergreen / Pyrola grandiflora
Larkspur / Delphinium glaucom
Low-Bush Craneberry / Preiselbeere

Marsh Marigold / Sumpfdotterblume
Mertens' Coral-root / Korallenwurz
Monkshood / Aconitum delphinifolium
Moss Campion / Stengelloses Leimkraut
Mountain Avens / Silberwurz (weißblühend)
Mountain Harebell / Campanula lasiocarpa
Mountain Hemlock / Gebirgshemlocktanne

Nagoonberry / Rubus arcticus
Narcissus-flowered Anemone / Berghähnlein
Nootka Lupine / Lupinus nootkatensis
Northern Bedstraw / Nordisches Labkraut
Northern Black Currant / Ribes hudsonianum
Northern Burreed / Sparganium hyperboreum
Northern Green Orchid / Platanthera hyperborea
Northern Red Currant / Ribes triste
Northern Yarrow / Schafgarbe

Old Man's Beard / Bartflechte

Pacific Alkaligrass / Pazifische Salzschwade
Paper Birch / Papierbirke
Pink Pyrola / Pyrola asarifolia
Poison Water Hemlock / Cicuta Mackenzieana
Pondweeds / Laichkräuter
Prickly Rose / Rosa acicularis
Prickly Saxifrage / Saxifraga tricuspidata
Purple Mountain Saxifrage / Roter Steinbrech

Quaking Aspen / Espe (Zitterpappel)

Red-berried Elder / Traubenholunder
Reindeer Mosses / Rentierflechte
Roseroot / Rosenwurz
Round-leaf Willow / Salix rotundifolia

Salmonberry / Rubus spectabilis
Sea Milkwort / Milchkraut
Sedge / Segge
Shooting Star / Götterblume
Sibbaldia / Alpengelbling
Siberian Aster / Sibirische Aster
Sitka Alder / Sitkaerle
Sitka Burnet / Sanguisorba stipulata
Sitka Spruce / Sitkafichte
Sitka Valerian / Sitkabaldrian

Soapberry / Shepherdia canadensis
Speedwell / Amerikanischer Ehrenpreis
Spike Watermilfoil / Ähriges Tausendkraut
Spotted Gentian / Gentiana platypetala
Star Flower / Siebenstern
Stink Currant / Ribes bracteosum

Tall Jacob's Ladder / Polemonium acutiflorum
Trailing Rhaspberry / Rubus pedatus
Triangular-leafed Fleabane / Senecio triangularis
Tufted Hairgrass / Rasen-Schmiele
Twin Flower / Erdglöckchen

Villous Cinquefoil / Fingerkraut

Watermelon Berry / Knotenfuß
Western Buttercup / Ranunculus occidentalis
Western Columbine / Aquilegia formosa
Western Hemlock / Westamerikanische Hemlocktanne
White Spruce / Weißfichte
Wild Celery / Angelica genuflexa
Wild Geranium / Storchschnabel
Wild Iris / Iris setosa
Willow / Weide
Wooly Lousewort / Wolliges Läusekraut

Yellow Dryas (Drummond Mountain Avens) / Silberwurz (gelbblühend)
Yellow Monkey-flower / Gauklerblume
Yellow Pondlily / Teichrose
Yellow Skunk-cabbage / Lysichitum americanum
Yellow Spotted Saxifrage / Saxifraga bronchialis

Wirbellose

Bark Beetle / Borkenkäfer
Blackflies / Kriebelmücken

Horseflies / Bremsen

Ice Worm / Eiswurm

Mosquitoes / Stechmücken

Fische

Arctic Grayling / Arktische Äsche

Chinook Salmon (King) / Quinnat
Chum Salmon (Dog) / Keta-Lachs
Coho Salmon (Silver) / Kisutsch-Lachs

Dolly Varden / Salvelinus malma

Lake Trout / Seesaibling

Northern Pike / Nordischer Hecht

Pacific Halibut / Pazifischer Heilbutt
Pacific Herring / Pazifischer Hering
Pink Salmon / Buckellachs

Rainbow Trout / Regenbogenforelle

Sheefish / Stenodus leucichthys
Sockeye Salmon (Red) / Blaurückenlachs

Vögel

American Dipper / Grauwasseramsel
American Robin / Wanderdrossel
American Wigeon / Amerikanische Pfeifente
Ancient Murrelet / Silberalk
Arctic Warbler / Wanderlaubsänger
Arctic Tern / Küstenseeschwalbe

Bald Eagle / Weißkopfseeadler
Barrow's Goldeneye / Spatelente
Black-billed Magpie / Elster
Black-capped Chickadee / Schwarzkopfmeise
Black-legged Kittiwake / Dreizehenmöwe
Black Oystercatcher / Braunmantel-Austernfischer
Blue Grouse / Felsengebirgshuhn
Boreal Chickadee / Hudsonmeise
Boreal Owl / Rauhfußkauz
Brant / Ringelgans
Bufflehead / Büffelkopfente

Canada Goose / Kanadagans
Common Loon / Eistaucher
Common Merganser / Gänsesäger
Common Murre / Trottellumme
Common Raven / Kolkrabe
Common Snipe / Bekassine
Crested Auklet / Schopfalk

Dark-eyed Junco / Junko
Double-crested Cormorant / Ohrenscharbe
Dusky Canada Goose / Branta canadensis occidentalis

Emperor Goose / Kaisergans

Glaucous-winged Gull / Beringmöwe
Golden Eagle / Steinadler
Gray-cheeked Thrush / Grauwangendrossel
Gray Jay / Meisenhäher
Great Blue Heron / Kanadareiher
Great Horned Owl / Virginia-Uhu
Greater Scaup / Bergente
Greater White-fronted Goose / Bläßgans
Greater Yellowlegs / Großer Gelbschenkel
Green-winged Teal / Krickente
Gyrfalcon / Gerfalke

Hairy Woodpecker / Haarspecht
Harlequin Duck / Kragenente
Herring Gull / Silbermöwe
Horned Grebe / Ohrentaucher
Horned Puffin / Hornlund

Leach's Storm-Petrel / Wellenläufer
Least Auklet / Zwergalk
Lesser Golden Plover / Amerikanischer Goldregenpfeifer
Lesser Yellowlegs / Gelbschenkel
Long-tailed Jaeger / Falkenraubmöwe

Mallard / Stockente
Marbled Murrelet / Marmelalk
Mew Gull / Sturmmöwe

Northern Fulmar / Eissturmvogel
Northern Goshawk / Habicht

Northern Hawk Owl / Sperbereule
Northern Pintail / Spießente
Northern Shoveler / Löffelente
Northwestern Crow / Sundkrähe

Oldsquaw / Eisente

Parakeet Auklet / Rotschnabelalk
Parsitic Jaeger / Schmarotzerraubmöwe
Pelagic Cormorant / Meerscharbe
Pigeon Guillemot / Taubenteiste

Red-breasted Nuthatch / Kanadakleiber
Red-faced Cormorant / Rotgesichtsscharbe
Red-legged Kittiwake / Klippenmöwe
Red-necked Grebe / Rothalstaucher
Red-necked Phalarope / Odinshühnchen
Red-throated Loon / Sterntaucher
Rhinoceros Auklet / Nashornalk
Rock Ptarmigan / Alpenschneehuhn
Ruby-crowned Kinglet / Rubingoldhähnchen

Sandhill Crane / Kanadakranich
Semipalmated Plover / Amerikanischer Sandregenpfeifer
Short-eared Owl / Sumpfohreule
Short-tailed Shearwater / Kurzschwanz-Sturmtaucher
Snow Goose / Schneegans
Snowy Owl / Schnee-Eule
Spotted Sandpiper / Drosseluferläufer
Spruce Grouse / Tannenhuhn
Steller's Eider / Scheckente
Steller's Jay / Diademhäher
Surf Scoter / Brillenente

Thick-billed Murre / Dickschnabellumme
Three-toed Woodpecker / Dreizehenspecht
Townsend's Warbler / Townsendwaldsänger
Trumpeter Swan / Trompeterschwan
Tufted Puffin / Gelbschopflund
Tundra Swan / Zwergschwan

Vancouver Canada Goose / Vancouver-Kanadagans
Varied Trush / Halsbanddrossel

White-winged Crossbill / Bindenkreuzschnabel
White-winged Scoter / Samtente
Willow Ptarmigan / Moorschneehuhn

Säugetiere

Arctic Ground Squirrel / Arktisches Erdhörnchen
Arctic Fox / Eisfuchs

Bearded Seal / Bartrobbe
Beaver / Kanadischer Biber
Bison / Bison
Black Bear / Schwarzbär
Brown Bear, Grizzly / Braunbär
Brown Lemming / Berglemming

California Sea Lion / Kalifornischer Seelöwe
Caribou / Karibu
Collared Lemming / Grönländischer Halsbandlemming
Collared Pika / Pfeifhase
Coyote / Kojote

Dall's Sheep / Dallschaf

Finback Whale / Finnwal

Gray Whale / Grauwal

Harbor Porpoise / Schweinswal
Harbor Seal / Seehund
Hoary Marmot / Eisgraues Murmeltier
Humpback Whale / Buckelwal

Killer Whale / Schwertwal

Least Weasel / Kleinstwiesel
Little Brown Bat / Kleine Braune Fledermaus
Long-tailed Vole / Langschwanzwühlmaus
Lynx / Kanadaluchs

Marten / Fichtenmarder
Masked Shrew / Sorex cinereus
Mink / Mink (Amerikanischer Nerz)
Minke Whale / Zwergwal
Moose / Elch
Mountain Goat / Schneeziege
Muskox / Moschusochse
Muskrat / Bisamratte

Northern Elephant Seal / Nördlicher See-Elefant
Northern Fur Seal / Nördlicher Seebär, Pelzrobbe
Northern Red-backed Vole / Polarrötelmaus

Pacific White-sided Dolphin / Pazifischer Delphin
Polar Bear / Eisbär
Porcupine / Nordamerikanischer Baumstachler

Red Fox / Rotfuchs
Red Squirrel / Rothörnchen
Ribbon Seal / Streifenrobbe
Ringed Seal / Ringelrobbe
River Otter / Nordamerikanischer Fischotter
Roosevelt Elk / Roosevelt-Hirsch

Sea Otter / Seeotter
Shorttail Weasel (Ermine) / Hermelin
Singing Vole / Microtus miurus
Sitka Black-tailed Deer / Schwarzschwanz-Maultierhirsch
Snowshoe Hare / Schneeschuhhase
Sperm Whale / Pottwal
Steller's Sea Lion / Stellers Seelöwe

Tundra Hare / Tundrahase
Tundra Shrew / Tundraspitzmaus
Tundra Vole / Nordische Wühlmaus

Walrus / Walroß
Wandering Shrew / Sorex cinereus
White Whale, Beluga / Weißwal, Beluga
Wolf / Wolf
Wolverine / Vielfraß
Woodchuck / Waldmurmeltier

Register

Fett gedruckte Seitenzahlen verweisen auf Fotos, *schräg* gedruckte auf Essays (im Text beige unterlegt).

Tier- und Pflanzennamen

Ortsnamen, Sachbegriffe, Personen

Seitenzahlen mit dem Zusatz »ff.« bezeichnen den Beginn eines Hauptreiseziels.

Bildnachweis

G. Baumgart: 112/113
U. Bernhart: 121 o
B. Edmaier: 72 u
J. Janßen: 83 o (großes Foto)
R. König: 50 u
A. Limbrunner: 77 u, 142 u
E. Pott: 14, 19, 22 M, 56, 67 ur, 72 o, 84 u, 112 ul, 112 ur, 113 ul, 113 ur, 114, 128 ur, 139, 148 o, 161
H. Reinhard: 21, 48 u, 79 o, 97 o, 104 ul, 106 o, 128 ul
U. und J. Schimmelpfennig: 36 u, 126 o, 149
K. Wernicke: 86 u
W. Wisniewski: 22 o, 31 or, 67 ul, 80 o, 80 ul, 80 ur, 84 M, 110, 112 ol, 113 or
Alle anderen Fotos: Michael Rudert

Umschlagfotos:
Winfried Wisniewski (vorne: Braunbär beim Lachsfang, Brooks Falls)
Michael Rudert (hinten: Braunbär mit Jungem, Alpenbärentraube, Elch)
Marlene Rudert (Autorenfoto)

Foto S.2/3: Tundralandschaft am Mount McKinley im Denali-Nationalpark